Siegfried Metze

Der Schlüssel zum MPU-Erfolg

Wie Sie den „Idiotentest" bei

Alkoholauffälligkeit bestehen

Verlag Books on Demand (BoD)

Für seine tatkräftige Unterstützung bedanke ich mich
ganz herzlich bei Frank

Für die Umschlaggestaltung danke ich Nicole Rübarsch

ISBN 978-3-8448-1142-1

Herstellung und Verlag: Books on Demand GmbH, Norderstedt

Inhalt

Vorwort

Einer Ihrer schlimmsten Alpträume hat sich erfüllt - der Führerschein ist weg. Wie oft haben Sie sich im Geiste dafür schon in den Hintern getreten? Wahrscheinlich unzählige Male...

Ihre Freunde oder Ihr Chef waren von dem Ereignis sicherlich auch nicht begeistert - von Ihrem Partner ganz zu schweigen. Hinzu kommen noch diese lästigen Fragen von Kollegen und Bekannten, wo denn Ihr Auto ist, ob Sie es verkauft hätten usw. Ohne Zweifel, eine sehr unangenehme Situation.

Ich weiß das, schließlich habe ich den gleichen Fehler begangen - unter Alkoholeinfluss gefahren und dadurch den „Lappen" verloren. Damals ging ich davon aus, „lediglich" eine Strafe bezahlen zu müssen und eine Sperrfrist zu bekommen. Der Führerschein wird mir dann automatisch wiedererteilt - dachte ich.

In der Gerichtsverhandlung, die einige Wochen später anstand, wurde ich eines Besseren belehrt. Denn während der Urteilsverkündung war von der zusätzlichen Anordnung einer MPU die Rede. In diesem Moment fühlte ich mich so, als ob sich der Boden unter mir öffnen würde.

Aufgrund der spärlichen Infos meines Anwalts zum Thema MPU blieb ich zunächst in dem Irrglauben, es ginge beim sogenannten „Idiotentest" hauptsächlich um den Fehler, betrunken gefahren zu sein. Doch es sollte wesentlich mehr dahinter stecken. Dies erfuhr ich allerdings erst runde neun Monate später, als ich den Brief der Führerscheinstelle in Händen hielt.
„....dadurch haben Sie sich als ungeeignet zum Führen von Kraftfahrzeugen erwiesen." Das „hörte" sich nicht gut an. Doch es kam noch schlimmer. Zusätzlich teilte das Amt mit, daran zu zweifeln, dass ich in der Lage bin, kontrolliert zu trinken. Deshalb müsse im Rahmen einer

Medizinisch-Psychologischen Untersuchung folgende Frage geklärt werden: „Ist zu erwarten, dass der Betroffene auch zukünftig ein Kraftfahrzeug unter Alkoholeinfluss führen wird?"

Ich erinnere mich noch gut daran, was ich als Erstes dachte: Die halten dich für einen Alkoholiker. In diesem Moment wurde mir bewusst, dass ich ein echtes Führerschein-Problem habe. Oder gab es tatsächlich noch ein Problem - mit dem Alkohol?!

Sicherlich haben Sie sich auch schon die Frage gestellt, warum die bei Ihnen festgestellte Promille am Tattag derart hoch war. Vielleicht ging die Antwort in folgende Richtungen: „Was soll's, wir haben eben richtig gefeiert." oder: „Tja, ich kann halt einiges vertragen."

In der MPU kann man mit solchen Aussagen allerdings keinen Blumentopf gewinnen. Was erwarten eigentlich die Gutachter der MPU-Stelle von Ihnen? Machen wir uns nichts vor: Um eine Promille von über 1,6 erreichen zu können, muss man im Vorfeld bereits einige Zeit im „Training" gewesen sein. Aber aus welchen Gründen? Vielleicht denken Sie jetzt an Ihre Freizeitgestaltung, den Verein oder das Umfeld.

So kommen wir der Sache schon näher. Zumindest in Bezug auf sogenannte äußere Auslöser - eine der Ursachen für eine negative Veränderung des Trinkverhaltens. Sehr wahrscheinlich finden sich „im Außen" noch weitere Faktoren, doch dazu später mehr in Kapitel 3.

Die MPU wäre recht simpel, wenn es sich nur um die Themenkreise „Trinken und Fahren" und „Äußere Auslöser" drehen würde. Wo ist also der Haken? Die Gutachter gehen davon aus, dass wir uns nicht einfach „nur so" in bestimmten Lebensumständen befinden, sondern wir selber viel damit zu tun haben. Sie merken, es wird persönlich und fragen sich eventuell, was das alles soll Es geht um das Thema, das für die meisten schlecht vorbereiteten Betroffenen in der MPU nicht lösbar ist - die „Inneren Auslöser."

In diesem Zusammenhang ist interessant, dass wir alle meinen, uns selber gut zu kennen. Dem ist aber nicht so - tatsächlich kennen wir uns nur bruchstückhaft. Sie glauben nicht, wie oft Klienten mit ratloser Miene vor mir gesessen haben, nachdem ich sie nach ihren Charaktereigenschaften befragt hatte. Aber keine Sorge, fast jeder von ihnen hat es letztendlich als positive Bereicherung empfunden, mehr über sich herausgefunden zu haben. Natürlich können Sie das auch schaffen! Ehrlich gesagt, Sie müssen sogar, denn die Erkenntnisse zum Thema „Innere Auslöser" sind von unschätzbarem Wert für Ihre MPU und für Sie persönlich!

Stellen Sie sich vor, Sie erhalten Ihren Führerschein nach bestandener MPU zurück und müssen feststellen, dass der hinter Ihnen liegende Weg sehr wichtig war. Dass Sie vieles zum Positiven geändert haben - und Sie nun, an diesem Punkt angekommen, wesentlich zufriedener sind. Ganz bewusst habe ich dem Thema „Innere Auslöser" in diesem Buch genügend Raum gegeben, denn dieses Thema enthält den Schlüssel zu Ihrem (MPU-) Erfolg!

Wie ziehen Sie den größten Nutzen aus diesem Buch? Versuchen Sie, die Inhalte sehr aufmerksam zu lesen. Optimale Voraussetzungen sind ein freier Kopf und die nötige äußere Ruhe. Je intensiver Sie mit diesem Buch arbeiten, desto größer die Effekte. Nehmen Sie z. B. Unterstreichungen mit einem Textmarker vor, wenn gewisse Stellen für Sie persönlich von Bedeutung sind. Und legen Sie sich auf jeden Fall etwas zum Schreiben bereit. Seien Sie aktiv - es lohnt sich!

Ich wünsche Ihnen interessante Unterhaltung und viel Erfolg.

Siegfried Metze im Januar 2012

1. Nach der Alkoholfahrt

Der Entzug des Führerscheins ist für die meisten Betroffenen ein tiefer Einschnitt in die eigene Lebensqualität. Nachdem man realisiert hat, dass man tatsächlich nicht mehr Autofahren darf, tauchen eine Reihe von Fragen auf. Die meisten davon fangen mit „wie" an und beziehen sich auf organisatorische und persönliche Umstände. Es müssen also Lösungen her, die möglichst praktikabel und nervenschonend sind. Und das nicht nur für ein paar Wochen, sondern bis zur Wiedererteilung der Fahrerlaubnis!

1.1 Tipps für Ihre neue Lebenssituation

Gestalten Sie sich Ihr Leben in der jetzigen Situation nicht unnötig schwer, indem Sie die Neugierde der anderen befriedigen. Wenn Sie jemand fragt, warum Sie mit dem Bus zur Firma kommen, sind Sie nicht verpflichtet, den wahren Grund zu nennen. Ansonsten machen Sie sich womöglich selber zum Thema der nächsten Monate. Lassen Sie sich lieber etwas Nachvollziehbares einfallen. Zum Beispiel, dass es besser für die Umwelt ist, wenn Ihre Frau den Wagen für den Weg zur Arbeit nimmt.

Der Führerscheinentzug ist ein sehr persönliches Ereignis, so dass nur die wichtigsten Menschen aus dem direkten privaten und beruflichen Umfeld informiert werden sollten. Zum Vergleich: Wenn Sie aus Kostengründen in eine kleinere Wohnung umziehen müssten, würden Sie dann allen von Ihrer knappen Kasse berichten?! Wohl kaum.

Allerdings empfehle ich, mit den Ihnen vertrauten Menschen offene Gespräche über den Verlust der Fahrerlaubnis zu führen. Räumen Sie schonungslos ehrlich den gemachten Fehler ein. Dies ist nicht ganz einfach und kostet Überwindung. Letztlich werden Sie jedoch erkennen, wie erleichtert Sie im Nachhinein sind. So ergeben sich Chancen, Ihre

Beziehungen zu intensivieren. Und bedenken Sie, dass Sie wahrscheinlich nicht umhin kommen, hier und da jemanden bitten zu müssen, Sie zu fahren. Das ist Ihnen unangenehm? Mein Tipp: Springen Sie über Ihren eigenen Schatten!

Organisieren Sie sich und versuchen Sie, die Vorteile der neuen Lage zu sehen. Eventuell haben Sie die Möglichkeit Geld einzusparen und mehr für Ihre Gesundheit tun. Ich weiß, wie das für Sie „klingt", doch manche Erfahrungen müssen erst einmal gemacht werden, um gewisse Vorzüge erkennen zu können.

Mit Ihrem Alkoholkonsum ist es ähnlich. Stellen Sie sich vor, es würde in Ihrem Leben mit weniger oder ohne Alkohol insgesamt besser laufen. Ich nehme an, dass Sie nichts dagegen hätten, oder? Und im Übrigen kommen Sie um eine Veränderung des Trinkverhaltens ohnehin nicht herum. Denn für die MPU benötigen Sie Nachweise über einen normalen Umgang mit Alkohol bzw. über eine abstinente Lebensführung. Je nach Fall sind die Forderungen der Untersuchungsstellen unterschiedlich (dazu mehr an anderer Stelle in diesem Kapitel).

Tipp:

Wenn Sie den Alkohol als Mitschuldigen für die Führerschein-Misere er-kennen, fällt eine Distanzierung sicherlich leichter. Zusätzlich können Sie ihre Motivation verstärken, wenn Sie einen zeitlich begrenzten oder end-gültigen Alkoholverzicht als Selbstbestrafung betrachten.

1.2 Juristisches Vorgehen

Einige Wochen nach der Alkoholfahrt erhalten Sie per Post den Strafbefehl. Dadurch erfahren Sie die Höhe der Geldstrafe und die Dauer der Sperrfrist für den Führerschein. Ob das Strafmaß angemessen oder eher überhöht ist, kann der juristische Laie schlecht beurteilen. In der Regel beträgt die Sperre für die Wiedererteilung der

Fahrerlaubnis 6-12 Monate. Allerdings kommt noch ein anderer Aspekt hinzu: Verurteilung wegen Fahrlässigkeit oder Vorsatz?!

Um sich Klarheit zu verschaffen, sollten Sie einen Fachanwalt für Verkehrsrecht aufsuchen. Dieser kann Sie dahingehend beraten, inwiefern es sinnvoll ist, einen Widerspruch gegen den Strafbefehl einzulegen. Falls ja, führt dies in der Regel zu einer Gerichtsverhandlung. Natürlich entstehen dadurch weitere Kosten. Hier sollte der Rechtsanwalt im Vorfeld abwägen, in welchem Ausmaß eine Senkung des Strafmaßes realistisch erscheint. Auch muss berücksichtigt werden, dass die Rechtsschutzversicherung, falls vorhanden, die Anwaltskosten nur bei Verurteilung zur Fahrlässigkeit übernimmt.

1.3 Warum wird eine MPU angeordnet?

Der Sinn und Zweck einer Medizinisch-Psychologischen Untersuchung besteht in erster Linie darin, auffällige Verkehrsteilnehmer dahingehend zu überprüfen, ob sie auch zukünftig eine Gefahr für den Straßenverkehr darstellen.

Somit müssen alle alkoholauffälligen Fahrer zur MPU, wenn die festgestellte Promille 1,6 übersteigt. Wenn sie darunter liegt, die Uhrzeit allerdings ungewöhnlich erscheint, kann auch eine MPU angeordnet werden - z.B. 1,3 Promille um 11.00 Uhr vormittags. Wer wiederholt mit niedrigerer Alkoholkonzentration auffällt, muss ebenfalls zum „Idiotentest."

Im Falle einer Drogenauffälligkeit unter aktiver Drogenwirkung wird grundsätzlich eine MPU angeordnet. Auch die sogenannten „Punktesammler" sind fällig, wenn sie 18 Punkte im Flensburger Verkehrszentralregister erreichen. Fahranfänger werden ebenfalls nicht verschont, wenn sie während der Probezeit durch eine schwerwiegende Ordnungswidrigkeit auffallen. Ferner droht Straftätern eine MPU, die ihr Fahrzeug zur Ausführung einer Tat benutzen (z.B. Bankraub) oder wegen Aggression in Erscheinung getreten sind (z.B. vorsätzliche Körperverletzung).

1.4 Kann die Sperrfrist verkürzt werden?

Die gerichtliche Sperrfrist legt fest, bis zu welchem Zeitpunkt die Straßenverkehrsbehörde keine neue Fahrerlaubnis erteilen darf. Für den Fristbeginn ist das Ausstelldatum des Strafbefehls maßgeblich. In bestimmten Fällen ist es möglich, die vom Gericht verhängte Sperrfrist zu verkürzen. Allerdings unterscheiden sich die Verfahrensweisen in einigen Bundesländern. Entweder ist der Antrag bei der Staatsanwaltschaft oder dem zuständigen Amtsgericht zu stellen. In der Regel können Sie die Frist um drei Monate verkürzen, wenn folgende Voraussetzungen vorliegen:

- Ersttäter unter 1,6 Promille, die den Wunsch nach Verkürzung der Sperrfrist gut begründen können (z.B. wegen Gefährdung der Existenz oder bei drohenden Nachteilen für Gesundheit und Familie).

- Ersttäter zwischen 1,6 und 1,99 Promille, die sich in einer psychologischen Maßnahme (Beratung oder Kurs) befinden oder diese bereits abgeschlossen haben.

Anbieter dieser Maßnahmen können Sie bei Ihrem Straßenverkehrs- bzw. Landratsamt erfragen. Die Kurse erstrecken sich, je nach Modell, über vier bis acht Wochen. Am letzten Termin erhalten Sie eine Teilnahmebescheinigung, die Sie dann bei Gericht oder der Staatsanwaltschaft einreichen. Mit etwas Glück wird Ihrem Antrag auf Sperrfristverkürzung entsprochen. Somit könnten Sie den später zu stellenden Antrag auf Wiedererteilung der Fahrerlaubnis entsprechend früher bei der Führerscheinstelle einreichen.

Wichtige Hinweise:

Nach der Alkoholfahrt sollten Sie sich umgehend mit der zuständiger Führerscheinstelle in Verbindung setzen, um einen Gesprächstermin zu vereinbaren. In diesem sollte abgeklärt werden, ob Sie für den Kurs in Frage kommen. Falls ja, erhalten Sie eine Unbedenklichkeitsbescheinigung, die aussagt, dass von Seiten der Behörde keine Bedenken gegen eine vorzeitige Führerschein-Wiedererteilung vorliegen. Sollte man Ihnen die Bescheinigung verweigern (z.b. wegen einer vorliegenden Alkoholproblematik), können Sie sich immerhin damit trösten, die Kosten für den recht teuren Kurs (ca. 650,- Euro) einsparen zu können.

1.5 Der EU-Führerschein als „Schein-Lösung"

Ein thematischer Dauerbrenner rund um das Thema MPU ist der ausländische EU-Führerschein. Dieser wird von den Anbietern als die Lösung schlechthin angeboten. Ganz nach dem Motto: „Seien Sie doch nicht dumm. Wozu eine MPU machen, wenn es doch einen wesentlich „klügeren Weg gibt!?" Mit solchen Worten stoßen diese „Dienstleister" bei einigen Betroffenen auf offene Ohren - ein Geschäft mit der Hoffnung verzweifelter Ex-Fahrer.

Zu dem Zeitpunkt, an dem ich diese Zeilen verfasse, habe ich einen Klienten in der Beratung, der kurz davor gewesen ist, auf den „EU-Leim" zu gehen. Der Grund dafür leuchtet ein - er hat bereits fünf negative „Idiotentests" hinter sich. Mittlerweile ist ihm klar, warum. Er hat die Gutachter in jeder MPU mit denselben Aussagen konfrontiert. Leider immer mit den „falschen."

Eine andere Gruppe Betroffener glaubt ebenfalls ihr Heil beim „EU-Lappen" zu finden. Sie wissen genau, dass die MPU für sie nicht zu bestehen ist. Der Grund ist einfach: Sie trinken zu viel. Der Eine, weil er meint, es gehört zu seinem „Lifestyle", der Andere, weil er ohne Alkohol nicht klarkommt.

Die Anbieter von EU-Führerscheinen versprechen, dass alles mit rechten Dingen zugeht: Die Betroffenen erhalten einen angeblich „wasserdichten" Wohnsitz in einem anderen EU-Staat und deshalb gäbe es keinen Grund zur Sorge. Dass Sie sich als Voraussetzung allerdings 185 Tage pro Jahr in diesem Land aufhalten müssen, erfahren Sie oftmals nicht.

Mittlerweile arbeiten ausländische Behörden, die solche Führerscheine ausstellen mit deutschen Ämtern eng zusammen. Spätestens wenn Sie mit Ihrer polnischen oder tschechischen Fahrerlaubnis in eine Verkehrskontrolle geraten, wird ermittelt, ob Sie tatsächlich einen regulären Wohnsitz in dem entsprechenden Staat haben.

Dazu eine kleine Geschichte aus dem wahren Leben: Vor Jahren stellte eine holländische Ausstellerbehörde fest, dass unter einer in mehreren Führerscheinen angegebenen Adresse 250 Personen gemeldet waren. Später fand man heraus, dass es sich um eine Wohnung von lediglich 50 qm handelte. Dumm gelaufen, denn umgehend wurden sämtliche betroffenen Führerscheine für ungültig erklärt.

Regelmäßig kommen neue Klienten zu mir, denen das Fahren mit solchen EU-Führerscheinen in Deutschland untersagt worden ist. Ab diesem Augenblick stehen die Betroffenen wieder vor der Aufgabe, die sie gerne „umsegeln" wollten: der MPU.

1.6 Die innere Einstellung zur MPU

Bis heute erlebe ich in Info-Gesprächen mit bestimmten Klienten immer wieder Ähnliches: Sie wehren sich gegen bereits Geschehenes und gegen die MPU.

Die bestehende Abwehrhaltung lässt sich an den diversen Äußerungen schnell erkennen. In extremen Fällen beschwert sich der Betroffene zunächst über die Polizei, die am Tattag die Frechheit besessen hat, ausgerechnet ihn anzuhalten. Darüber hinaus berichtet mancher Klient von seiner Gerichtsverhandlung - der Richter sei unfreundlich gewesen und die Strafe viel zu hoch. Nicht zu vergessen der planlose Anwalt, der trotz seiner schlechten Leistung ein saftiges Honorar verlangt hat.

„Und jetzt soll ich auch noch zum „Idiotentest. Das ist doch alles eine riesengroße Sauerei. Ich fahre seit über zwanzig Jahren unfallfrei, aber das interessiert ja diesen sesselfurzenden Beamten von der Führerscheinstelle nicht."

Als Krönung sagt der eine oder andere Klient an mich gerichtet: „Und jetzt noch diese Beratung. Sie wollen doch an meiner Situation ebenfalls nur verdienen, wie alle Anderen auch."

Dass wir uns nicht falsch verstehen: Ich habe Verständnis für Äußerungen dieser Art und kann die Emotionen, die damit in Zusammenhang stehen, menschlich nachvollziehen. Doch was bringt es, wenn ich dem Klienten beipflichte? Was nützt es der Sache an sich? Rein gar nichts, ganz im Gegenteil, denn ich würde die Widerstände gegen die Beratung und die MPU zusätzlich verstärken. Schauen wir uns zur Verdeutlichung der Thematik einen Vergleich an:

Sie stehen vor einer schulischen Abschlussprüfung, die Sie im Vorjahr vergeigt haben. (Das Leben hatte halt Besseres zu bieten - Urlaub, Partys usw.) Sie wollen zwar die Prüfung bestehen, doch wenn Sie vor den Büchern sitzen, kommen Sie nicht voran. Der Grund für die Blockade sind Ihre eigenen negativen Gedanken:

- „Der verdammte Klassenlehrer ist schuld an der Situation, weil er mich zu hart benotet hat."

- „Mathematik habe ich schon immer gehasst."

- „Der Stoff ist öde, trocken und langweilig."

- „Die Prüfung wird sauschwer - das schaffe ich nie."

- „Das ganze Schulsystem ist sowieso Schrott."

- „Spätestens in der Mündlichen lassen die mich auflaufen."

Glauben Sie, dass mit einer derartigen Haltung die Prüfung zu bestehen ist? Vielleicht, aber ich denke, Sie stimmen mir insofern zu, dass kein optimales Prüfungsergebnis erreicht wird?!

Das Hauptproblem ist der innere Widerstand gegen unangenehme Ereignisse (die nicht bestandene Prüfung oder die Alkoholfahrt) und gegen die Folgen (erneute Prüfung bzw. MPU).

Wie oft standen Sie in Ihrem Leben vor Situationen, gegen die Sie sich ebenfalls gewehrt haben? Schulwechsel, Gesellenprüfung, Examen, Wohnungsumzug, Einberufung zur Bundeswehr, Trennung vom Partner - was auch immer. Eines hatten diese Situationen gemeinsam. Sie stemmten sich gegen sie und haben dadurch viel Energie verbraucht. Im Nachhinein betrachtet: wozu die ganze Aufregung?

Letztendlich sind Sie vielen Herausforderungen entgegengetreten, und haben die Sache überstanden. Und wie hat sich das im Nachhinein angefühlt? Wie eine Befreiung mit der Folge, dass Sie stolz auf sich waren - und das völlig zu Recht!

Versuchen Sie zu akzeptieren, dass Sie im „Hier und Jetzt" leben. Die Vergangenheit können Sie nicht mehr korrigieren. Aber in der Gegenwart, sprich heute, haben Sie die Chance, wichtige Entscheidungen zu treffen, die Ihre Zukunft positiv verändern!

Und ein positives MPU-Gutachten ist planbar. Der Ausgang der Untersuchung hat weder mit Glück noch mit Zufall zu tun. Ich wünsche mir für Sie, dass Sie die MPU als Herausforderung annehmen und durch dieses Buch klare Entscheidungen treffen. Mit der nötigen Konsequenz bis zur MPU werden Sie es letztendlich schaffen, die Gutachter zu überzeugen. Glauben Sie an sich!

1.7 Wie sollten Sie die Sperrfrist nutzen?

Von den Untersuchungsrichtlinien der MPU-Stellen abgeleitet, ergeben sich auf diese Frage klare Hinweise. Zur Verdeutlichung schildere ich Ihnen in Kürze vier mögliche Szenarien, aus denen heraus klar wird, was der jeweilige Betroffene vor der MPU in Angriff nehmen sollte.

Hinweis:

In den weiteren Kapiteln werden die einzelnen Themen intensiver behandelt.

Der Normaltrinker

Wenn Sie wiederholt mit Promillewerten unter 1,1 in den Abendstunden aufgefallen sind, könnten Sie:

a) ...als Normaltrinker zur MPU und müssten dazu Laborwerte in regelmäßigen Abständen sammeln. Eine Suchberatung kann beansprucht werden, ist aber keine Voraussetzung für eine positive MPU.

Im vorliegenden Fall kann der Betroffene auch weiterhin Alkohol in Maßen konsumieren.

Merkmal

Der Betroffene ist in der Lage, Alkohol kontrolliert zu trinken.

b) ...als Abstinenzler zur MPU und müssten über den Zeitraum von ½ Jahr - 1 Jahr Abstinenz-Nachweise erbringen. Laborwerte sind von Vorteil, allerdings nicht zwingend erforderlich. Zusätzlich ist eine Suchberatung oder Therapie

zu beanspruchen. Siehe auch: „Vorliegender Alkoholmissbrauch"

Vorliegender Alkoholmissbrauch

Bei Promillewerten ab 1,6 geht die Straßenverkehrsbehörde von einem
vorliegenden Alkoholmissbrauch aus. Wenn Sie also erstmalig oder
wiederholt mit Promillewerten ab 1,6 oder erstmalig mit einem Wert
unter 1,6 Promille zu einer unüblichen Uhrzeit aufgefallen sind, könnten
Sie:

a) ...als Normaltrinker zur MPU und sollten dazu in regelmäßigen Abständen Laborwerte bestimmen lassen und die
Laborberichte sammeln. Eine Suchberatung sollte beansprucht werden, ist aber nicht unbedingt Voraussetzung für
eine positive MPU. Bei Werten um die 2 Promille ist eine
Suchtberatung dringend zu empfehlen. (Im Promillebereich
um die 2,5 sollte eine Abstinenz ernsthaft in Betracht gezogen werden.)

Im vorliegenden Fall kann der Betroffene auch weiterhin Alkohol in
Maßen konsumieren.

Merkmal

Der Betroffene ist in der Lage, Alkohol kontrolliert zu trinken.

b) ...als Abstinenzler zur MPU und müssten über den Zeitraum von ½ Jahr - 1 Jahr Abstinenz-Nachweise erbringen.
Laborwerte sind von Vorteil, allerdings nicht zwingend erforderlich. Zusätzlich ist eine Suchberatung oder Therapie
zu beanspruchen. Siehe auch: „Abstinenzbedürftige Alkoholproblematik"

Abstinenzbedürftige Alkoholproblematik

Wenn Sie wiederholt mit Promillewerten ab 1,6 oder erneut mit einer Promille unter 1,6 zu einer unüblichen Uhrzeit bzw. mit einer hohen Promille (z.B. deutlich über 2 Promille) aufgefallen sind, müssen Sie:

a) ...als Abstinenzler zur MPU und über den Zeitraum von ½ Jahr - 1 Jahr Abstinenz-Nachweise erbringen. Laborwerte sollten in regelmäßigen Abständen gesammelt werden. Zusätzlich ist eine Suchberatung oder Therapie zu beanspruchen.

Merkmal

Der Betroffene ist nicht mehr in der Lage kontrolliert zu trinken. Es liegt aber keine Alkoholerkrankung vor.

Alkoholerkrankung

Wenn eine Diagnose über eine Alkoholerkrankung vorliegt, müssen Sie:

a) ...als Abstinenzler zur MPU und über den Zeitraum von 1 - 1½ Jahren Abstinenz-Nachweise erbringen. Laborwerte sollten in regelmäßigen Abständen gesammelt werden. Zusätzlich ist eine Suchberatung oder eine längere ambulante Therapie (z.B. 3-6 Monate) zu beanspruchen. Der Alkoholentzug sollte in einer Fachklinik durchgeführt werden. Günstig ist eine sich anschließende stationäre Therapie. Ebenfalls förderlich ist der Besuch einer Selbsthilfegruppe.

Merkmal

Der Betroffene ist aufgrund seiner Alkoholerkrankung nicht in der Lage Alkohol kontrolliert zu trinken.

Sicher fragen Sie sich nun, welcher der vier unterschiedlichen Fälle auf Ihren zutrifft. Von den weiteren Infos in diesem Buch abgesehen (siehe auch „Test" in Kapitel 2), empfehle ich folgendes:

Sprechen Sie ein offenes Wort mit Ihrem Hausarzt. Bevor Sie dort einen Termin vereinbaren, sollten Sie sich zu Hause in Ruhe überlegen, wie Ihre Trinkgewohnheiten tatsächlich aussehen. Beantworten Sie folgende Fragen und bemühen Sie sich dabei um Ehrlichkeit sich selber gegenüber:

- Alkoholsorte(n): Trinken Sie ausschließlich ein Getränk oder verschiedene? Konsumieren Sie auch Schnaps?!

- Häufigkeit: An wie vielen Tagen im Monat nehmen Sie Alkohol zu sich? Ermitteln Sie danach die Anzahl der Trinkanlässe pro Woche.

- Mengen: Wie viele Gläser trinken Sie durchschnittlich und wie sieht Ihre maximale Trinkmenge aus?

- Trinkgeschwindigkeit: Errechnen Sie, in welchem Zeitraum Sie die Höchstmengen konsumieren. Rechnen Sie mit folgenden Glasgrößen: Bier 0,2 L, Wein 0,1 L, Schnaps 0,02 L.

- Art der Trinkanlässe: Trinken Sie ausschließlich in Gesellschaft oder auch alleine?

- Trinkpausen: Legen Sie wöchentlich oder monatlich auch mal einen „Boxenstopp" ein? Wenn ja, über welchen Zeitraum können Sie auf Alkohol verzichten? Haben Sie dabei Entzugserscheinungen festgestellt? Wurde deshalb jemals eine der Trinkpausen beendet?

Notieren Sie sich die Ergebnisse und teilen Sie sie Ihrem Arzt mit. Alternativ oder zusätzlich können Sie auch eine Suchtberatungsstelle

- 21 -

Ihrer Stadt aufsuchen. Keine Sorge, man wird Ihnen nicht vorschnell einen „Stempel aufdrücken". Sie haben es mit Profis zu tun, die mit Ihren Informationen ernsthaft und vertraulich umgehen. In der Regel entstehen keine Kosten für den Betroffenen.

Selbstverständlich besteht die zusätzliche Möglichkeit, dass Sie eine amtlich-anerkannte Untersuchungsstelle (MPU-Stelle) kontaktieren. Dort erhalten Sie Infos, welche Institute klärende Einzelgespräche anbieten, die jedoch kostenpflichtig sind. Der Vorteil dieser Beratung liegt darin, eine fachliche Meinung zu Ihrem Alkoholumgang und den Voraussetzungen für eine Führerscheinwiedererteilung zu erhalten. Befürchtungen, dass Inhalte des Gesprächs später an Ihren Gutachter weitergegeben werden, sind eher unbegründet. Wenn Sie allerdings sicher gehen wollen, können Sie auch darauf bestehen, keine persönlichen Angaben machen zu wollen (Name, Wohnort etc.)
Wo auch immer Sie sich beraten lassen wollen - werden Sie jetzt aktiv.

Denken Sie im nächsten Schritt zu Hause in Ruhe darüber nach, was man Ihnen geraten hat. Sehr wahrscheinlich hilft es auch, wenn Sie mit einer Ihnen nahestehenden Person sprechen. In den Tagen darauf werden Sie die Dinge klarer sehen. Dann ist es natürlich an der Zeit, Entscheidungen zu treffen. Legen Sie fest, was Sie konkret ändern wollen und wie Sie dieses Ziel erreichen können. Wenn Sie so weit sind, informieren Sie Vertrauenspersonen oder auch Ihren Arzt darüber. So setzen Sie sich selber unter Druck, was hilfreich ist, um Ihr Vorhaben konsequent in die Tat umzusetzen. Sehen Sie es positiv, den bisherigen „Trott" zu verlassen und glauben Sie an Ihren Erfolg!

2. Trinkgewohnheiten und Konsequenzen für die MPU

Da jeder eine subjektive Einstellung zum Alkohol hat, ist es für den Einzelnen nicht unbedingt einfach, das eigene Trinkverhalten realistisch zu bewerten. Eine klare Sichtweise ist jedoch die beste Grundlage, um sichere Entscheidungen treffen zu können. Deshalb sollten Sie den nachfolgenden kleinen Test bearbeiten.

2.1 Test - „Habe ich ein Alkoholproblem?"

Bevor Sie mit dem Test beginnen, beachten Sie bitte folgende Hinweise:

- Der Test ersetzt nicht die medizinische Untersuchung beim Arzt.

- Machen Sie sich bewusst, dass Sie nur ein objektives Ergebnis erzielen, wenn Sie die Fragen absolut ehrlich beantworten.

- Vor Testbeginn sorgen Sie bitte für die nötige Ruhe und Konzentration.

- Markieren Sie die zutreffende Antwort durch Unterstreichung

Trinken Sie täglich Alkohol?	Ja	Nein
Trinken Sie nach unangenehmen Ereignissen?	Ja	Nein
Trinken Sie heimlich?	Ja	Nein
Benutzen Sie Ausreden wegen des Trinkens?	Ja	Nein
Denken Sie bereits tagsüber an Alkohol?	Ja	Nein
Fühlen Sie sich wegen des Trinkens schuldig?	Ja	Nein
Gab es wg. Alkohol Probleme am Arbeitsplatz?	Ja	Nein
Verzichten Sie wg. Alkohol auf wichtige Dinge?	Ja	Nein
Fällt es schwer, zwei Wochen zu verzichten?	Ja	Nein
Haben Sie den Drang, sich zu betäuben?	Ja	Nein

Hatten Sie bereits einen „Black-out"?	Ja	Nein
Sind Sie nach einer Trinkpause nervös?	Ja	Nein
Haben Sie Entzugssymptome, z.B. Zittern?	Ja	Nein
Wird in Ihrem direkten Umfeld viel getrunken?	Ja	Nein

Diese Fragen haben es in sich, oder? Leider muss ich Sie an dieser Stelle auch noch enttäuschen, denn es folgt nicht die übliche Form der Testauflösung. Stattdessen ein Rat, den Sie vielleicht gar nicht bekommen möchten: Sollten Sie nur 1-2 Fragen mit „Ja" beantwortet haben, rate ich Ihnen zu einer Suchtberatung.

Übertrieben, finden Sie? Bevor Sie die Sache abhaken, „parken" Sie sie erst einmal. Sie müssen wissen, dass ich Ihnen keinesfalls ein schlechtes Gewissen einreden will. Eher will ich erreichen, dass Sie die Thematik ernst nehmen. Den noch Unentschlossenen empfehle ich, dieses Kapitel unbedingt bis zum Ende zu lesen. Wahrscheinlich fällt es Ihnen dann leichter, eine Entscheidung zu Ihrem weiteren Vorgehen zu treffen.

Wichtiger Hinweis:

> Sollten Sie bis jetzt täglich hohe Mengen Alkohol trinken: Versuchen Sie keinesfalls alleine zu Hause bzw. ohne ärztliche Hilfe zu entziehen. Dies ist lebensgefährlich!

Ich hatte vor geraumer Zeit einen Klienten in der Beratung, der nach Jahren extremen Trinkens auf die Idee kam, abrupt einen Entzug durchzuführen. Am Abend des ersten Tages ohne Alkohol wurde ihm sehr kalt. Seine Ehefrau kam auf den naheliegenden Gedanken, ihn zu Bett zu bringen und in mehrere Decken zu wickeln. Leider erlitt er in den folgenden Stunden einen Kreislaufzusammenbruch und fiel in Ohnmacht - was seine Frau zu spät bemerkte. Bis der Notarzt eintraf, war sein Gehirn einige Minuten mit Sauerstoff unterversorgt.

Im Krankenhaus entschlossen sich die Ärzte für ein künstliches Koma. Dieses sollte sechs Wochen andauern. Der Ex-Klient kann noch heute froh und glücklich darüber sein, keine Schäden davon getragen zu haben. Es hätte allerdings auch ganz anders ausgehen können.

2.2 Was ist normales Trinkverhalten?

- Normales, auch kontrolliertes Trinken genannt, ist dadurch gekennzeichnet, dass der Konsument unregelmäßig überschaubare Mengen trinkt. Wie können wir uns das vorstellen?

Der Normaltrinker konsumiert nicht zu festen „Terminen", sondern wenn sich eine Gelegenheit dazu ergibt. Doch auch bei einem typischen Trinkanlass entscheidet er selbst, ob er trinken möchte oder nicht.

Dazu ein Beispiel aus einem anderen Bereich unseres Lebens: Stellen Sie sich vor, Sie gehen auf Empfehlung eines Bekannten zusammen in ein Steakhaus. Sind Sie dadurch gezwungen, Fleisch zu bestellen? Nein, natürlich nicht. Es hat sich zwar die Gelegenheit ergeben, doch letztendlich können Sie selbst entscheiden, was Sie essen möchten. Auch dann, wenn Ihre Begleitung ein Filet-Steak bestellt, steht es Ihnen frei, ein vegetarisches Gericht zu wählen.

- Normales Trinken bedeutet, mäßig zu konsumieren. Was heißt das konkret?

Wenn sich der Normaltrinker entschlossen hat, ein alkoholisches Getränk zu bestellen, denkt er noch nicht an das nächste Glas. Sollte es ihm nämlich nicht schmecken, trinkt er auch nicht weiter, sondern steigt in der Regel auf etwas Alkoholfreies um.
Wenn ihm das erste Glas geschmeckt hat, trinkt er nicht zwingend sofort das nächste. Er kann auch eine Pause einlegen oder ein Getränk ohne Alkohol bestellen. Dass dieser Alkoholkonsum über den gan-

zen Abend verteilt recht maßvolle Mengen trinkt, liegt demzufolge auch an der niedrigen Trinkgeschwindigkeit.

Eventuell fragen Sie sich nun, warum dieser Normaltrinker überhaupt Alkohol konsumiert. Die Antwort ist ziemlich einfach: Ihm geht es um den Genuss - nicht um die Wirkung.

Zum Vergleich ein Beispiel aus einem anderen Bereich der Genüsse: Ihre Tante feiert runden Geburtstag und hat Sie und weitere liebe Menschen in ein feines Café eingeladen. Sie bestellen neben der üblichen Tasse Kaffee ein Stück Schwarzwälder Kirschtorte. Benutzen Sie dann zum Essen eine Kuchengabel und genießen jedes einzelne Stückchen in Ruhe oder würden Sie lieber mit einer großen Gabel alles in Eile hinunter schlingen, um direkt das nächste Stück zu bestellen? Sicherlich nicht, denn was hätte dies noch mit Genuss zu tun?!

Die MPU-Stellen arbeiten mit wissenschaftlichen Erkenntnissen. Dazu gehören auch Statistiken, die Aussagen zum Konsumverhalten machen. Was den Normaltrinker betrifft, gehen die Gutachter davon aus, dass er nach Trinkende 0,8 Promille nicht überschreitet.

Beispiel: Ein Mann (kontrollierter Trinker) mit einem Körpergewicht von 80 kg baut pro Stunde ein Glas Alkohol (Bier 0,2 L, Wein 0,1L oder Schnaps 0,02 L) ab. Wir setzen dabei eine gesunde Leber voraus. Unser Normaltrinker ist auf einer Hochzeitsfeier eingeladen und trinkt zur Begrüßung um 18.30 Uhr ein Glas Sekt 0,1 Liter. Nach einer halben Stunde genehmigt er sich zu den gereichten Häppchen ein weiteres Glas Sekt. Um 19.30 Uhr wählt er zum Essen ein Glas Weißwein 0,1 Liter. Danach nimmt er ein Mineralwasser und im weiteren Verlauf der Feier trinkt er bis 23.30 Uhr noch 7 Gläser Bier a' 0,2 Liter. Wenn er die Party verlässt, hat er einen ungefähren Promille-Wert von 0,75.

Das bedeutet im Umkehrschluss aus der Sichtweise einer MPU-Stelle: Ein alkoholauffälliger Kraftfahrer, der beispielsweise mit 1,75 Promille angehalten wird, kann kein Normaltrinker sein!

Auch Normaltrinker können eine Aufforderung zu einer MPU erhalten. Und zwar dann, wenn Sie wiederholt unter Alkoholeinfluss am Straßenverkehr teilgenommen haben. Die Schwerpunkte im Gutachtergespräch sind zum Teil etwas anders gelagert. Was ist zu beachten?

Wichtig ist, dass Sie den Psychologen davon überzeugen können, dass Sie zukünftig „Trinken und Fahren" zuverlässig trennen können. Weiterhin sind konkrete Angaben zu einer neuen Fahrplanung sowie eine geänderte Einstellung zur Straßenverkehrsordnung von besonderer Bedeutung. (Mehr dazu in Kapitel 7)

Als Normaltrinker zur Suchtberatung?

Bei dem Begriff Suchtberatung denken Sie wahrscheinlich, dass so etwas nur Süchtige betrifft. Die MPU-Stellen sehen das anders. Im Vordergrund steht eine intensivere Auseinandersetzung mit Alkohol. Deshalb wirken sich einige Stunden Beratung auch für den Normaltrinker häufig positiv auf die MPU aus.

Normaltrinker in der medizinischen Untersuchung

Sie müssen in der MPU Ihren normalen Umgang mit Alkohol nachweisen. Deshalb ist es günstig, wenn Sie in Abständen von ca. 6 Wochen beim Hausarzt Blut abnehmen lassen. Folgende Werte benötigen Sie: die Leberwerte GGT, GPT und GOT und den Blutwert MCV.

Dass sich alle Werte jeweils im Normbereich befinden müssen, sollte klar sein. Bei Abweichungen sprechen Sie unbedingt mit Ihrem Arzt.

Wenn der Grund für die erhöhten Werte Medikamente oder Erkrankungen sind, lassen Sie sich dies attestieren. Somit bekommen Sie für die MPU eine schlüssige Erklärung in die Hand. Jedenfalls kann Ihnen dann nicht vorgehalten werden, die Erhöhung sei durch übermäßigen Alkoholkonsum entstanden.

Bitten Sie den Arzt, die einzelnen Berichte mit Praxisstempel und Unterschrift an Sie auszuhändigen. Sicherlich wird er wissen wollen, wozu Sie die Werte benötigen. Am besten sagen Sie es so, wie es ist, und teilen den wahren Grund mit. Der Arzt kann ohnehin nur den ersten Bericht über die Kasse abrechnen. Die weiteren Untersuchungen gehen dann auf Ihre Kosten und schlagen mit ca. 30 Euro zu Buche.

2.3 Was ist Alkoholmissbrauch?

Im Gegensatz zum normalen Trinken hat der Konsument im Bereich Alkoholmissbrauch nicht den Genuss im Fokus, sondern die Wirkung. In der Regel trinkt der Betroffene ein Glas nach dem anderen. Alkoholfreie Getränke zwischendurch sind die Ausnahme. Neben dem Konsum bei typischen Trinkanlässen (z.B. Feiern) etabliert sich der Alkohol zunehmend im Wochen- oder Tagesgeschehen. So wird beispielsweise damit begonnen, beim Autowaschen oder während der Gartenarbeit zu trinken.

Im Zuge der Entwicklung steigern sich die Häufigkeit und Menge. In Bezug auf die Alkoholsorten kann ebenfalls eine Änderung eintreten, so dass beispielsweise öfter auch Schnaps getrunken wird. Schließlich kann noch hinzukommen, dass sich die Trinkgeschwindigkeit erhöht.

Je nach Ausprägung des Missbrauchs trinkt der Betroffene zunehmend zu Anlässen, die eigentlich gar keine sind, z.B. mittags im Straßencafé, weil „man ja im Urlaub ist." Ein weiteres Merkmal ist die eher traurige Tatsache, dass immer öfter weitergetrunken wird, obwohl das erste Glas gar nicht schmeckt. Auch solche Verhaltensweisen verdeutlichen, in welchem Ausmaß die angestrebte Alkoholwirkung den Genussfaktor verdrängt.

Den meisten Konsumenten ist das Motiv für den Missbrauch nicht in vollem Umfang bewusst. Was soll der Alkohol eigentlich bewirken? Um dies nachvollziehen zu können, müssen wir zwei unterschiedliche Absichten genauer betrachten: Entlastungstrinken und Entspannungstrinken:

Entlastungstrinken

Der Wunsch nach Entlastung setzt natürlich eine Belastung voraus. Dabei steht häufig eine Unzufriedenheit steht im Mittelpunkt. Doch was macht Menschen eigentlich derart frustriert, dass Alkohol regelmäßig überkonsumiert wird und einen festen Platz im Alltag einnimmt? Wenn wir uns die wichtigen Lebensbereiche ansehen, finden wir schnell eine große Anzahl möglicher Ursachen:

- Unzufriedenheit im Beruf
- Arbeitslosigkeit
- Unglückliche Ehe
- Unbefriedigende Freundschaften
- Gesundheitliche Probleme
- Familiäre Schwierigkeiten
- Geldmangel
- Belastende Wohnsituation

Leider häufen sich oftmals die Schwierigkeiten, weil einzelne Probleme nicht gelöst werden. Kommen dann noch Schicksalsschläge hinzu, droht die Lebenslage zu eskalieren.

Welche Persönlichkeit hat der Entlastungstrinker?

Anmerkung:

Nachdem ich 18 Jahre Betroffene auf die MPU vorbereite und seit langem Suchtberatungen durchführe, hat sich mir ein klares Bild ergeben. Dieser Eindruck deckt sich mit den Aussagen diverser Fachbücher und mit den Erfahrungen der mir bekannten Gutachter.

Bevor es im Thema weitergeht, weise ich auf einen Umstand hin, der mir am Herzen liegt: Fühlen Sie sich bitte durch den nachfolgenden Text nicht bewertet. Machen Sie sich bewusst, dass wir alle charakterliche Stärken und Schwächen besitzen. Und wie sagte schon in den 60er Jahren C.G. Jung (seinerzeit Psychiater und Psychotherapeut) in einem Interview: „Zeigen Sie mir einen Gesunden und ich werde ihn heilen.'

Was wollte er damit sagen? Dass wir alle krank, genauer gesagt, im psychologischen Sinn alle Neurotiker sind. Kurzum: Wir haben alle „einen an der Waffel". Versuchen Sie es doch einmal so zu sehen: Keiner ist besser als der Andere - jeder ist nur anders.

Drei charakterliche Eigenschaften treffe ich bei Entlastungstrinkern immer wieder an:

- Hilfsbereitschaft
- Gutmütigkeit
- Beeinflussbarkeit

Oftmals gesellt sich die Neigung zu einer Opferhaltung noch hinzu.

Sie können sich vorstellen, dass es Menschen mit diesen Eigenschaften in einer Leistungsgesellschaft wie der unsrigen, nicht leicht haben. (Mehr zu diesem Thema finden Sie in Kapitel 4).

Entspannungstrinken

Der Wunsch nach Entspannung setzt verständlicherweise eine Anspannung voraus. Die Ursachen dafür sind negativer Stress, Druck und Verantwortung. Wie geraten Menschen in eine Lebenssituation, in der Verpflichtungen den Alltag bestimmen? Im Vordergrund steht oftmals die berufliche Entwicklung. Wer die Karriereleiter erklimmt, kommt nicht nur nach oben, sondern irgendwann auch an die eigenen Grenzen.

Welche Persönlichkeit hat der Entspannungstrinker?

Folgende charakterlichen Merkmale entdecke ich immer wieder:
- Fleiß
- Ehrgeiz
- Ordnungsliebe
- Zuverlässigkeit
- Hang zum Perfektionismus
- Verantwortungsbewusstsein

Sie werden nachvollziehen können, dass Menschen, die fast nur an ihre Arbeit denken, für andere Lebensbereiche kaum Zeit finden. Hinzu kommt oft ein beträchtliches Freizeit- und Urlaubsdefizit. (Mehr zum Thema in Kapitel 4).

Die Rückkehr zum normalen Trinken

Die wichtigste Voraussetzung für eine Rückkehr zu einem normalen Trinkverhalten ist die Fähigkeit des Betroffenen, kontrolliert trinken zu können. Dazu ist es erforderlich, die eigene Einstellung und das Verhalten grundlegend zu verändern. Darüber hinaus sollten negative Lebensumstände (z. B. der Umgang und/oder die Freizeitgestaltung) beseitigt werden. Je reflektierter (Einsicht i.S.v. Selbsterkenntnis) sich der MPU-Klient letztendlich in der Begutachtung zeigt, desto größer seine Chancen auf einen Erfolg in der MPU.

Vorteile einer Suchtberatung vor der MPU

Wer sich in eine Suchtberatung begibt, der zeigt Mut, nämlich zur Wahrheit! Bitte machen Sie sich bewusst, dass Sie für Ihre MPU ebenfalls einen gewissen Mut aufbringen müssen. Warum also nicht schon Monate vorher einen tapferen Schritt wagen? Ihnen kann im Rahmen einer Suchtberatung nicht mehr passieren, als das Ihnen nicht gefällt, was Sie dort hören. Wenn Sie jedoch ernsthaft über die Beratungsinhalte nachdenken, öffnen Sie sich vielleicht doch gegenüber Veränderungen. Jedenfalls sind diese für ein positives MPU-Gutachten unerlässlich!

Ein weiterer Vorteil der Suchtberatung liegt darin, dass Sie später guten Gewissens zur MPU gehen können. Wahrscheinlich empfinden Sie es im Moment genau andersherum. So, als ob Sie sich schämen müssten. Vergessen Sie jedoch nicht, dass es in der MPU hauptsächlich um den Psychologen geht. Und der bewertet aufgrund seiner Aufgabe alle Maßnahmen positiv, die hilfreich sind, um Probleme oder problematische Verhaltensweisen in den Griff zu bekommen.

Der „Wieder-Normaltrinker" in der medizinischen Untersuchung

Sie müssen in der MPU Ihren normalen Umgang mit Alkohol nachweisen. Wie bereits erwähnt, ist es wichtig, dass Sie in Abständen von ca. 6 Wochen beim Hausarzt Blut abnehmen lassen. Folgende Werte brauchen Sie: Die Leberwerte GGT, GPT und GOT. Zusätzlich benötigen Sie den Blutwert MCV.

2.4 Abstinenzbedürftige Alkoholproblematik

Der Betroffene ist entweder bereits mehrfach mit einer hohen Promille (ab 1,6) im Straßenverkehr aufgefallen oder mit einer höheren Promille (z.B. um die 1,2 Promille) zu einer ungewöhnlichen Uhrzeit, also tagsüber. In dem einen oder anderen Fall handelt es sich zwar um die erste Alkoholfahrt, allerdings oftmals mit charakteristisch hoher Blutalkoholkonzentration (über 2 Promille).

Wenn Alkohol über Jahre missbraucht worden ist, geht dies oftmals mit einem Kontrollverlust einher. Der Betroffene kann nach einigen Gläsern nicht mehr mit dem Trinken aufhören, sondern muss bis zur Trunkenheit weiter konsumieren. Eine Rückkehr zum kontrollierten Trinken ist dann nicht mehr möglich. Die einzige Lösung heißt: abstinente Lebensführung.

Falls Sie sich in dieser Situation befinden, ist die Einsicht darüber von unschätzbarem Wert. Immerhin haben Sie sich etwas sehr Wichtiges bewusst gemacht. Sie konnten realisieren, dass sich der Alkohol zu einem Problem entwickelt hat. Durch diesen Umstand ist Ihnen ein Stück Freiheit verloren gegangen - nicht nur im Sinne des Führerscheins, sondern auch persönlich.

Viele meiner Klienten mussten diesbezüglich ebenfalls eine Entscheidung treffen. Die meisten entschlossen sich für ein freies Leben - und gegen den Alkohol. Ich versichere Ihnen: Im Nachhinein hat es nicht ein Einziger bereut!

Suchtberatung oder Therapie?

In Bezug auf die Erfolgsaussichten in der MPU spielt es im Grunde ge-nommen keine Rolle, für welche Maßnahme Sie sich entscheiden. Sie sollte sich allerdings nach Möglichkeit über den Zeitraum von zwei bis sechs Monaten erstrecken und ein halbes Jahr vor der MPU abge-schlossen sein.

Aus meiner Sicht ist für Ihre Wahl folgende Frage von Bedeutung: Wel-che der beiden Lösungsmöglichkeiten verspricht in Ihrem persönlichen Fall den größeren Erfolg?

Vieles spricht für eine Therapie, wenn Sie bereits seit langer Zeit viel trinken und mehrfach bei Abstinenzversuchen gescheitert sind. Sollte sich zum jetzigen Zeitpunkt zusätzlicher Druck seitens des Arbeitgebers oder der Partnerin aufgebaut haben, ist die Entscheidung für eine The-rapie die richtige. Sind bei Ihnen bereits alkoholtypische körperliche Symptome hinzugekommen, ist eine stationäre Aufnahme der sicherste Weg.

Falls Sie hingegen über einen eher überschaubaren Zeitraum von 1-2 Jahren viel Alkohol konsumieren, könnte eine Suchtberatung ausrei-chen. Unterstützen würde diese Entscheidung, dass Sie einen starken Willen besitzen oder es bereits geschafft haben, über mehrere Monate abstinent zu bleiben. Wenn in den wichtigen Lebensbereichen bisher keine zusätzlichen Probleme durch Alkohol aufgetreten sind, spricht dies ebenfalls für eine Suchtberatung.

Hinweis:

Diese Informationen dienen lediglich der Orientierung. Sprechen Sie auf jeden Fall mit Ihrem Hausarzt!

Was bringt eine Selbsthilfegruppe?

Ich persönlich betrachte die Gruppen seit Jahr und Tag mit einem lachenden und einem weinenden Auge. Schauen wir uns zunächst die Vorteile an:

- Grundsätzlich kann eine Selbsthilfegruppe einen wichtigen Halt bieten. Vor allem dann, wenn der Betroffene in keinem stabilen sozialen Umfeld lebt.

- Weiterhin erfährt das neue Gruppenmitglied, was die anderen aufgrund ihres Alkoholproblems durchgemacht haben. Das erweitert natürlich den eigenen Horizont. Einerseits sehen Sie, welche „Kelche an Ihnen vorübergegangen" sind. Andererseits stellen Sie fest, dass es Anderen genauso wie Ihnen ergangen ist. Das bringt einen entlastenden Effekt mit sich.

- Zur Abwendung eines drohenden Rückfalls bietet die Gruppe den Vorteil, sich an eine Vertrauensperson wenden zu können, die über entsprechende Erfahrung verfügt.

Die Nachteile einer Gruppe aus meiner Sicht:

- Die Mehrzahl der Gruppenleiter besitzt keinen psychologischen oder therapeutischen Hintergrund. Viele sind trockene Alkoholiker, die ihre Erfahrungen weitergeben wollen. Das ist löblich - ganz ohne Zweifel.

- Als Berater gefällt mir hingegen nicht, dass in den Gruppen alle „in einen Topf geworfen" werden. Zwar spielt es aus therapeutischer Sicht keine große Rolle, wer ein abstinenzbedürftiges Alkoholproblem, und wer alkoholkrank ist. Beide müssen schließlich abstinent leben. Jedoch sehe ich nicht einen einzigen Vorteil darin, alle Gruppenmitglieder mit dem „Stempel Alkoholiker" zu versehen. Warum soll jemand in dem Glauben leben, er sei unheilbar suchtkrank, wenn dies tatsächlich nicht der Fall ist?

Trotzdem denke ich, dass die Vorteile des Gruppenbesuchs überwiegen. Und sicherlich wird es Ihnen nicht schaden, sich eine Gruppe anzusehen. In jedem Fall sollten Sie sich dort einigermaßen wohl fühlen. Wann es eventuell an der Zeit ist, die Gruppe zu verlassen, können Sie in Absprache mit dem Arzt bzw. Therapeuten und dem Gruppenleiter entscheiden.

Abstinenznachweise in der medizinischen Untersuchung

Voraussetzung für ein positives Gutachten ist die Teilnahme an einem Programm zum Abstinenznachweis (EtG-Untersuchungen). Dazu nehmen Sie zunächst telefonisch Kontakt zu einer MPU-Stelle auf. Teilen Sie mit, dass Sie über den Zeitraum von ½ Jahr bzw. 1 Jahr (= sicherere Variante) Ihre Abstinenz nachweisen möchten. Man wird Ihnen dann per Post einen Vertrag zukommen lassen, den Sie unterschrieben zurücksenden. Das Ganze ist natürlich nicht umsonst, so dass Sie 400,- Euro bis 600,- Euro berappen müssen.

Jedenfalls werden Sie während des Vertragsjahres 6-mal (beim halbjährlichen Vertrag 4-mal) angerufen, worauf hin Sie innerhalb der nächsten 24 Stunden die MPU-Stelle persönlich aufsuchen müssen. Dort haben Sie unter Aufsicht Urin abzugeben. Diese Probe wird im Anschluss dahingehend untersucht, ob Alkohol konsumiert worden ist. Die Ergebnisse des Tests schickt man Ihnen jeweils zu. Nach der letzten Untersuchung bekommen Sie eine schriftliche Bestätigung über die erfolgreiche Teilnahme an dem Kontrollprogramm. Dieses Zertifikat nehmen Sie selbstverständlich mit zu Ihrer MPU.

2.5 Alkoholismus

Hierbei handelt es sich um eine anerkannte Suchterkrankung. Das ist umso besser nachvollziehbar, wenn man sich die zwei Wege ihrer Entstehung ansieht:

1. Mittlerweile ist wissenschaftlich nachgewiesen, dass Alkoholismus über die Gene weitergegeben werden kann. Diese Tatsache sollte jedem klar machen, wie sinnlos es ist, die Betroffenen zu stigmatisieren.

   Stellen wir uns den schlimmen Fall vor, dass eine werdende Mutter, selber Tochter eines Trinkers, während der gesamten Schwangerschaft regelmäßig Schnaps konsumiert. Welche Schuld trägt der als Alkoholiker auf die Welt kommende Sohn an seinem Schicksal?

2. Auch durch jahrelangen schweren Alkoholmissbrauch kann Alkoholismus entstehen. In diesem Bezug möchte ich ebenfalls davor warnen, den Betroffenen vorschnell als Schuldigen abzustempeln.
   Einer meiner Ex-Klienten hat innerhalb von fünf Jahren derart viele und massive Schicksalsschläge hinnehmen müssen, dass er während dieser Zeit zunehmend Entlastung im Alkohol suchte. Lesen Sie, was sich im Leben dieses Betroffenen alles ereignete. Entscheiden Sie dann selbst, ob Sie den „ersten Stein werfen" würden:

   • Bei seiner Ehefrau wurde eines Tages ein bösartiger Gehirntumor festgestellt. Zu diesem Zeitpunkt war der Klient zusammen mit Vater und Bruder ohne weitere Angestellte selbstständig. Der Betroffene pendelte nur noch zwischen Arbeit und Krankenhaus hin und her.

- Der Bruder entpuppte sich als „faules Ei" - nahm Geld aus der Firmenkasse.

- Der Vater erkrankte ebenfalls an Krebs und fiel als Chef aus.

- Die Ärzte machten dem Klienten Hoffnung auf Heilung der Ehefrau - einige Monate später ist sie gestorben.

- Die Firma ging pleite.

- Die Hausfinanzierung brach zusammen - der Klient musste unter Zeitdruck umziehen.

- Ein nahestehender Onkel erkrankte schwer und ist fast zeitgleich mit dem Vater des Klienten gestorben.

Nach seinem Führerscheinentzug beanspruchte der Klient meine Suchtberatung und im Anschluss die MPU-Vorbereitung. Die MPU hat er ohne Probleme bestanden und die Abstinenz aus Überzeugung beibehalten. Sicherlich eine gute Entscheidung, die dazu führte, dass er sein Leben insgesamt wieder in den Griff bekommen hat.

Ich habe absoluten Respekt vor dieser starken Persönlichkeit. Er steht für mich als Beispiel dafür, dass Menschen aus ihrer Opferrolle heraustreten und das eigene Schicksal meistern können.

Entwicklung des Alkoholismus (Nach Jellinek):
(Quelle: Wikipedia/gekürzte Fassung)

a) Symptomatische Phase

Der Konsum alkoholischer Getränke beginnt wohl immer in eher harmlos erscheinenden sozialen Zusammenhängen. Ein übermäßiger Alkoholgenuss kann sich daraus entwickeln, wenn der spätere Alkoholiker dabei eine größere „befriedigende Erleichterung" verspürt als andere, etwa weil er größerem Druck ausgesetzt ist, unter stärkeren Spannungen leidet oder schlechter damit zurecht kommt, ungünstigeren Umständen ausgesetzt ist oder nicht so geschickt, wie andere damit umgehen kann.

Auch schreibt er seine Erleichterung zunächst meist eher der Trinksituation zu (der „lustigen Gesellschaft") als seinem Alkoholmissbrauch. Er sucht deswegen von sich aus zunehmend häufiger und schließlich regelmäßig sozial passende Gelegenheiten, bei denen wie beiläufig, aber immer getrunken wird.

Im Laufe der Zeit kann sich daraus die harmlos erscheinende Gewohnheit entwickeln, beständig oder gar täglich Zuflucht zum Alkohol zu nehmen. Weil – wie oft dann gesagt wird – „psychisch abhängige" Alkoholiker nicht offen betrunken sein müssen - ähnlich wie beispielsweise Winzer, braucht ihnen oder ihrer Umgebung ihr häufiges Trinken nicht einmal als „besonders" aufzufallen oder gar verdächtig vorzukommen; möglicherweise wird es sogar als „normal" angesehen, jedenfalls so lange, wie es gruppenspezifisch sozial akzeptiert wird.

b) Vorläufer-Phase

Als typisch für seine Vorläufer- oder prodromalen Phase zum chronischen Alkoholismus sieht Jellinek verschiedene psychische Auffälligkeiten an, etwa plötzlich Erinnerungslücken, also Amnesien ohne Anzei-

chen von Trunkenheit.

Der Trinker kann Unterhaltungen führen und Arbeiten leisten, sich aber am nächsten Tag tatsächlich nicht mehr erinnern. Bier, Wein und Spirituosen hören für den Trinker dann auf, Getränke zu sein, sondern werden zum dringend nötigten Beruhigungsmittel, zur „Medizin". Dem Trinker wird spätestens dann bewusst, dass er anders trinkt als andere. Wenn er Scham und Furcht vor Beurteilung durch andere entwickelt, beginnt er möglicherweise heimlich zu trinken, legt sich Verstecke mit Alkoholvorräten an und entwickelt zusätzliche Angst vor Entdeckung. Sein Denken kreist zunehmend um Alkohol, so dass er zu einem schnellen „gierigen Trinken" übergeht, zum eiligen Herunterkippen des ersten Glases. Der Alkoholiker merkt so, dass er sich immer eigenartiger verhält, entwickelt möglicherweise auch noch Schuldgefühle und redet deswegen immer weniger über sein Trinken, bis er selbst Anspielungen auf Alkohol und Trinkverhalten in Gesprächen vermeidet.

Wenn er beginnt, selbst elementare Bedürfnisse gegenüber seinem Alkoholmissbrauch zurückzustellen, können Selbstzweifel auftauchen, die „mit Alkohol erstickt" werden, Stimmungsschwankungen, die damit „bekämpft" werden, Missmut bis zur Verzweiflung, etwas ändern zu können, woraus sich Depressive Krisen entwickeln können, die nicht wenige „im Alkohol zu ertränken" suchen.

Der Alkoholkonsum kann dann schon hoch sein, fällt oft selbst dann aber nicht besonders auf, wenn er zu keinem deutlichen Rausch führt. Diese Phase endet mit „zunehmenden" Beschwerden wie Gedächtnislücken, körperlicher Schwäche, Leistungsabbau, Motivationsverlust, erhöhter Anfälligkeit für Infekte, Kreislaufstörungen und anderem.

c) Kritische Phase

In der kritischen Phase erleidet der Trinker Kontrollverluste. Schon nach dem Konsum kleiner Mengen Alkohols entsteht ein intensives Verlan-

gen nach mehr, das erst endet, wenn er zu betrunken oder krank ist, um mehr zu trinken (Craving). Ein Rest von Kontrolle besteht noch. Der Betroffene versucht, sich zu „beherrschen". Er verspricht Abstinenz und versucht sie auch einzuhalten, scheitert damit aber immer wieder. Er sucht Ausreden für sein Trinken, erst recht für seine Ausfälle, für die er überall, nur nicht in seinem Alkoholmissbrauch Gründe und Ursachen findet.

Die Erklärungsversuche seines Verhaltens sind ihm wichtig, da er außer dem Alkohol keine anderen Lösungen seiner Probleme kennt. Parallel erweitert sich ein ganzes Erklärungssystem, das sich immer weiter auf sein gesamtes Leben ausdehnt. Er wehrt sich damit gegen soziale Belastungen. Wegen seines Verhaltens kommt es immer häufiger zu Konflikten mit der Familie und kompensiert sein schrumpfendes Selbstwertgefühl immer mehr durch gespielte Selbstsicherheit und großspuriges Auftreten.

Der Süchtige kapselt sich so zunehmend selbst von Nahestehenden ab, sucht aber die Fehler nicht bei sich, sondern bei diesen und verstärkt seine soziale Isolierung immer mehr, während er zu anderen Zeiten oftmals geradezu verzweifelt um Nähe, Verständnis und Zuspruch bettelt. Unter diesem Druck kann sich mancher Kranke zu Perioden völliger Abstinenz durchringen oder er versucht wenigstens mit selten realistischen Methoden sein Trinken zu kontrollieren. Er ändert vielleicht sein Trinksystem, stellt Regeln auf, nur bestimmte Alkoholarten an bestimmten Orten zu bestimmten Zeiten zu sich zu nehmen.

Andere bagatellisieren ihr Trinkverhalten mit bekannten Sprüchen wie „ein Bier ist doch o.k.", „Ein Gläschen in Ehren kann niemand verwehren...", „zwischen Leber und Milz passt immer noch ein Pils". Oder sie verlieren das Interesse an ihrer Umgebung ganz, richten ihre Tätigkeiten nach ihrem Trinken aus und entwickeln so ein immer eigenbrötlerisches Verhalten mit auffallendem Selbstmitleid, in dem sie sich mit Al-

kohol wiederum „trösten". Soziale Isolation und Verstrickung in Lügen und Erklärungen werden so zu besonders auffälligen Merkmalen von chronisch gewordenem Alkoholismus.

Das Familienleben ändert sich. Ganze Familien isolieren sich, wenn sie den Trinkenden „decken" (Co-Alkoholismus, Co-Abhängigkeit) oder die Angehörigen sich seiner schämen. Der Alkoholiker kann so in die Rolle eines Despoten geraten, mit grundlosem Unwillen, Drohungen und Gewalt Angst verbreiten und seine Angehörigen dazu zwingen, ihm in jeder Hinsicht „zu Diensten zu sein", die nicht nur darin bestehen können, ihm den Alkohol zu beschaffen, den er verlangt.

d) Chronische Phase

In der chronischen Phase treten noch massivere Krankheitssymptome auf. Es kann zu regelrechter Persönlichkeitsveränderung kommen. Motorische Unruhe und Angstzustände können Ausdruck eines jederzeit möglichen Entzugssyndroms sein, das nur noch mit ständigem Weitertrinken vermeidbar ist.

Sozialer Kontakt ist chronischen Alkoholikern in einem derart weit fortgeschrittenen Stadium meist nur noch mit Menschen möglich, die ebenfalls gern viel trinken. In Gruppen entwickeln sie durch den sozialen Zuspruch noch auffälligeres Verhalten, bis sie etwa im Rauschzustand noch verbliebende Reste von Anstand, Rechtsbewusstsein und Selbstachtung verlieren, großsprecherisches oder sogar unflätiges Gehabe entwickeln, Straftaten wie Diebstahl begehen oder sich in Raufereien oder gar Schlägereien verwickeln, bei denen es allein schon durch körperlichen und erst recht emotionalen und geistigen Kontrollverlust zu teilweise massiver Körperverletzung kommen kann.

In dieser Phase kann kaum noch von irgendeiner „Befriedigung" im Rausch die Rede sein. Vielmehr geht es hier meist nur noch um die Bekämpfung und Vermeidung von schnell oder verstärkt auftretenden

Entzugssymptomen, wenn nötig mit Hilfe von Billigprodukten oder sogar auch vergälltem Alkohol wie etwa Brennspiritus.

Im Endstadium der chronischen Phase können Alkoholpsychosen mit typischen Halluzinationen, Angst und Desorientierung auftreten, oftmals verbunden mit unbestimmten religiösen Wünschen. Es kann epileptische Anfälle oder zum Suizid kommen oder zum lebensgefährlichen Delirium tremens. In dieser Endphase ist der Kranke am ehesten bereit, Hilfe anzunehmen. Eine Einweisung in ein geeignetes, meist psychiatrisches Krankenhaus zur „Entgiftung" oder besser gesagt zum „körperlichen Entzug" ist dann lebensrettend und ein möglicher „Einstieg" oder Beginn der an sich nötigen Entwöhnungsbehandlung.

Trinker-Typen *(Nach Jellinek):*
(Quelle: Wikipedia)

Auf Jellinek geht auch die gebräuchlichste Gruppierung von Alkoholikern nach ihrem Trinkverhalten zurück:

Der Alpha-Typ *(Erleichterungstrinker)*
trinkt, um innere Spannungen und Konflikte (etwa Verzweiflung) zu beseitigen („Kummertrinker"). Die Menge hängt ab von der jeweiligen Stress-Situation. Es besteht vor allem die Gefahr psychischer Abhängigkeit. Alphatrinker sind nicht alkoholkrank, aber gefährdet.

Der Beta-Typ *(Gelegenheitstrinker) trinkt bei sozialen Anlässen große Mengen, bleibt aber sozial und psychisch unauffällig. Betatrinker haben einen alkoholnahen Lebensstil. Gesundheitliche Folgen entstehen durch häufigen Alkoholkonsum. Sie sind weder körperlich noch psychisch abhängig, aber gefährdet.*

Der Gamma-Typ *(Rauschtrinker, Alkoholiker) hat längere abstinente Phasen, die sich mit Phasen starker Berauschung abwechseln. Typisch ist der Kontrollverlust: Er kann nicht aufhören zu trinken, auch wenn er bereits das Gefühl hat, genug zu haben. Auch wenn er sich wegen der Fähigkeit zu längeren Abstinenzphasen sicher fühlt, ist er alkoholkrank.*

Der Delta-Typ *(Spiegeltrinker, Alkoholiker). Die Bezeichnung Spiegel-trinker bezieht sich bei dieser Alkoholismus-Form auf den Blutalkohol-spiegel, also die Konzentration des Alkohols im Blut des Abhängigen; diese wird von ihm möglichst gleichbleibend im Tagesverlauf (und auch nachts) gehalten. Dabei kann es sich durchaus um vergleichbar geringe Konzentrationen handeln, die aber im Verlauf der fortschreitenden Er-krankung und der damit sich erhöhenden Alkoholtoleranz ansteigen. Der Abhängige bleibt lange Zeit sozial unauffällig („funktionierender Alkoholiker"), weil er selten erkennbar betrunken ist. Dennoch besteht eine starke körperliche Abhängigkeit, so dass er ständig Alkohol trinken muss, um Entzugssymptome zu vermeiden. Durch das ständige Trinken entstehen körperliche Folgeschäden. Deltatrinker sind nicht abstinenz-fähig und alkoholkrank.*

Der Epsilon-Typ *(Quartalstrinker, Alkoholiker) erlebt in unregelmäßigen Intervallen Phasen exzessiven Alkoholkonsums mit Kontrollverlust, die Tage oder Wochen dauern können. Dazwischen kann er monatelang abstinent bleiben. Epsilon-Trinker sind alkoholkrank.*

Diagnostik
(ICD-10 - internationale Klassifikation der Krankheiten) (Quelle: Wikipedia)

Die ICD-10 definiert sechs Kriterien, von denen mindestens drei erfüllt sein müssen, um die Diagnose Alkoholkrankheit stellen zu können:

- Starker Wunsch oder eine Art Zwang, Alkohol zu konsumieren (Craving)

- Verminderte Kontrollfähigkeit in Bezug auf die Menge, den Beginn oder das Ende des Konsums

- Körperliche Entzugserscheinungen bei Konsumstopp oder Konsumreduktion

- Nachweis einer Toleranz (um die ursprünglich durch niedrigere Dosen erreichten Wirkungen hervorzurufen, sind zunehmend höhere Dosen erforderlich)

- Fortschreitende Vernachlässigung anderer Interessen zugunsten des Alkoholkonsums (erhöhter Zeitaufwand, um die Substanz zu beschaffen, zu konsumieren oder sich von den Folgen zu erholen)

- Anhaltender Substanzkonsum trotz Nachweises eindeutiger schädlicher Folgen (wie z.B. Leberschädigung durch exzessives Trinken, depressive Verstimmungen infolge starken Alkoholkonsums oder eine Verschlechterung der kognitiven Funktionen)

Ende der Quellenangaben

Klinische Entgiftung

Der sicherste Weg, um einen Alkoholentzug durchzuführen, ist eine stationäre Entgiftung. Diese wird ärztlich betreut und durch Medikamente unterstützt. In entsprechenden Fachkliniken bzw. psychiatrischen Krankenhäusern sind spezielle Stationen eingerichtet, die i.d.R. Entzugs- und Motivationsstation heißen.

Ein sehr netter Ex-Klient, damals Anfang dreißig, hatte jahrelang sehr stark getrunken. Da er einen anstrengenden Handwerksberuf ausübte, kam er irgendwann an seine körperliche Grenze. Hinzu kam, dass seine einzige echte Bezugsperson, die eigene Schwester, androhte, er dürfe seine Nichte nicht mehr besuchen. Der Grund dafür war der Alkohol, denn die Schwester wollte es nicht mehr verantworten, den alkoholisierten Bruder mit ihrer Tochter spielen zu lassen.

Das angedrohte Kontaktverbot war für den Klienten ein heilsamer Schock. Denn er entschloss sich dazu, sein Alkoholproblem endgültig zu lösen. Er ging zu seinem Chef und teilte ihm offen und ehrlich mit, dass er mit dem Alkoholkonsum nicht mehr klarkomme. Deswegen benötige er zwei Wochen Urlaub, um sich entgiften zu lassen. Der Chef hatte völliges Verständnis, so dass mein Klient mit einer Überweisung vom Hausarzt in der Tasche bereits am Folgetag zum Krankenhaus gefahren ist.

Nach zwei Wochen verließ der Klient die Klinik, um sich im Anschluss direkt bei mir in die Suchberatung zu begeben. Er arbeitete sehr gut mit und bestand nach erfolgter Vorbereitung die MPU ohne Probleme. Auch dieser sympathische Mensch lebt bis zum heutigen Tag abstinent.

Stationäre Therapie

In schwerwiegenderen Fällen ist es günstig, nach der Entgiftung eine weitergehende stationäre Therapie zu beanspruchen. Währenddessen wird der Patient auf die Möglichkeit hingewiesen, parallel eine Selbsthilfegruppe zu besuchen. Die Dauer einer klinischen Therapie kann, je nach Fall, 3 bis 6 Monate betragen. Bei der Entscheidung über die Länge des Aufenthaltes ist die Anzahl der bereits stattgefundenen Rückfälle mit einzubeziehen. Auch die soziale Situation muss berücksichtigt werden. Über diese Themen sollte der Patient vorab mit dem Hausarzt und auch mit dem behandelnden Arzt des Krankenhauses sprechen.

Was die Auswahl der Klinik betrifft, so gibt es selbstverständlich Unterschiede. Die beziehen sich allerdings mehr auf den Komfort und die Kosten als auf den Inhalt der Therapie. In jeder Einrichtung werden Sie in einen festen Tagesablauf eingebunden. Neben regelmäßigen therapeutischen Einzelgesprächen finden auch mehrfach wöchentlich Gruppensitzungen statt. Sport und Gestaltungstherapie stehen zusätzlich auf dem Plan. Letzteres bezieht sich auf kreative handwerkliche oder künstlerische Arbeiten. Und wer weiß, vielleicht entdecken Sie noch schlummernde Talente in sich?!

Grundsätzlich halte ich es für wichtig, dass Sie sich auf die gesamte Therapie einlassen. Nur, wenn Sie alles annehmen, können Sie auch für sich alles mitnehmen!

Folgende Einrichtungen bieten sich an:

- Städtische Kliniken, sozusagen für „Jedermann". Adressen erfahren Sie von Ihrem Hausarzt oder von der Krankenkasse.

- Private Einrichtungen bzw. vereinszugehörige Häuser, oft durch Spenden finanziert. Anschriften erhalten Sie bei der Suchtberatungsstelle im Gesundheitsamt Ihrer Stadt.

- Privatkliniken, die naturgemäß nur privatversicherte Patienten oder Selbstzahler aufnehmen. Informationen bekommen Sie von Ihrem Hausarzt, der Krankenversicherung oder aus dem Internet.

Nachsorge-Therapie

Nach der Entlassung sollte der Patient sich nicht selber überlassen sein. Im Hinblick auf die Stabilisierung der Abstinenz und die MPU ist eine Kombination aus ambulanter Therapie bzw. Suchtberatung und Selbsthilfegruppe ratsam.

Ambulante Therapie

Sprechen Sie mit Ihrem Hausarzt bzw. Ihrer Krankenkasse über die Möglichkeit, eine ambulante Therapie zu beanspruchen. Wahrscheinlichkeit ist dies nicht oder nur in begrenztem Umfang realisierbar. Umso wichtiger ist dann für Sie die Suchtberatung und Selbsthilfegruppe.

Suchtberatung

Diese sollte über den Zeitraum von drei bis zwölf Monaten beansprucht werden und ein Jahr vor der MPU abgeschlossen sein. Anbieter sind städtische oder kirchliche Einrichtungen bzw. gemeinnützige Vereine sowie niedergelassene Therapeuten und psychologische Berater.

Selbsthilfegruppen

Anbieter sind kirchliche Einrichtungen und private Vereine oder Initiativen. Zum Beispiel folgende:

- Anonyme Alkoholiker

- Kreuzbund

- Blaues Kreuz

- Guttempler

Abstinenznachweise in der medizinischen Untersuchung

Sehr wichtig ist die Teilnahme an einem Programm zum Abstinenznachweis EtG-Untersuchungen). Dazu nehmen Sie zunächst telefonisch Kontakt zu einer MPU-Stelle auf. Teilen Sie mit, dass Sie über den Zeitraum von 1 Jahr Ihre Abstinenz nachweisen möchten. Man wird Ihnen dann einen Vertrag per Post zukommen lassen, den Sie unterschrieben zurücksenden. Das Ganze ist natürlich nicht umsonst, so dass Sie ca. 600,- Euro bezahlen müssen.

Jedenfalls werden Sie während der Vertragslaufzeit 6-mal angerufen, woraufhin Sie innerhalb der nächsten 24 Stunden die MPU-Stelle persönlich aufsuchen müssen. Dort haben Sie unter Aufsicht eine Urinprobe abzugeben. Diese wird im Anschluss dahingehend untersucht, ob Alkohol konsumiert worden ist. Die Ergebnisse schickt man Ihnen jeweils zu. Nach der letzten Untersuchung bekommen Sie eine schriftliche Bestätigung über die erfolgreiche Teilnahme an dem Kontrollprogramm. Den Nachweis nehmen Sie selbstverständlich mit zu Ihrer MPU.

Zum Ende dieses Kapitels möchte ich anhand eines beeindruckenden Beispiels aufzeigen, wie eine konstruktive Auseinandersetzung mit dem Alkohol aussehen kann.

Ein Ex-Klient mit beruflich kreativem Hintergrund hat während seines Aufenthaltes in einer Suchtklinik (Anmerkung: Die Entgiftung und Therapie erfolgte auf meine Empfehlung hin) folgenden Brief verfasst.

Ein Abschiedsbrief an den Alkohol

An den („Freund") Alkohol

Alter Weggefährte,

es ist an der Zeit ein Resümee zu ziehen.
Es ist lange her, dass wir uns kennen lernten und ich kann nicht unbedingt behaupten, dass mich Deine Präsenz direkt vom Hocker riss. Du warst schon gewöhnungsbedürftig. Unser Kontakt war zwar eher spo-

radisch, doch ab und an hast Du mir schon Kopfschmerzen bereitet. Wir gingen jahrelang behutsam miteinander um und trafen uns zu bestimmten Anlässen – mal in gutbürgerlicher Umgebung – mal in Anzug und Frack – mal eine ganze Weile gar nicht. Es war eine lockere Bekanntschaft deren Vertiefung keiner von uns anstrebte.

Aus den Augen verloren wir uns aber nie.

Doch Zeiten ändern sich und es kam der Moment, dass ich mehr von Dir wollte. Ich begann eine Freundschaft zu Dir aufzubauen. Du warst nicht abgeneigt und gabst mir zu verstehen, dass Du auch nichts gegen eine Vertiefung unserer Bekanntschaft hattest. Es dauerte auch nicht lange und ich vertraute Dir meine Sorgen und Probleme an.
Ich war beeindruckt, wie schnell Du immer eine Lösung parat hattest und mich beruhigen konntest. Du wurdest ein angenehmer Vertrauter, der auch in den schwierigsten Situationen nicht von meiner Seite wich. Sehr bald hörte ich den Worten und Ratschlägen meines direkten Umfeldes nicht mehr zu. Ich verließ mich nur noch auf Dich.
Dass ich dabei schwächer, unnahbarer, ungenießbarer, ja sogar abstoßend wurde, meinen alten Freunden vor den Kopf stieß, habe ich nicht mehr realisiert.
Du warst der große Ersatz für alles, von dem ich glaubte, es würde mir fehlen.
Ich hatte anfangs nur um Deine Hand gebeten, mir in unangenehmen Situationen zur Seite zu stehen. Doch jetzt war der Punkt erreicht, da Du mich nicht mehr losließt.

Ich war Dein Gefangener.

Ich merkte, dass ich ohne Dich nicht mehr leben konnte. Aber ein weiteres Zusammenleben mit Dir hätte auch den Tod bedeutet. Es war sinn-

los gegen Dich zu kämpfen. Ich hätte nie eine Chance gehabt Dich zu besiegen.
Das einzige was mir noch blieb, war die <u>absolute Kapitulation.</u>
Doch auch die hätte ich aus eigener Kraft nicht mehr geschafft. In meiner tiefsten Not kamen mir die alten längst vergessenen Freunde zur Hilfe.

Ich denke, dass da jemand ganz besonderes die Hände im Spiel hatte. Jemand der wollte, dass ich lebe, jemand der mich nie aufgegeben hatte und der mir seine Hand anbot; mir aber verdeutlichte, dass es nur mit mir und meiner Einsicht gelingen kann, ein neues Leben zu beginnen, mit Höhen und Tiefen, mit Freude und Trauer und, dass wahre Freunde nicht nur in guten Zeiten zueinander stehen.

Du alter Weggefährte hattest Deine Chance und ich weiß, dass Du mich, solange ich lebe immer wieder zu einer Freundschaft mit Dir überreden willst.
Ich werde versuchen, es mit allen Mitteln zu verhindern und werde Dir nicht wie das Kaninchen vor der Schlange gegenübertreten.

*Deine **Liebe** ist – **Hass***
*Deine **Gelassenheit** – **Angst***
*Deine **Zuversicht** – **Resignation***
*Deine **Gegenwart** – **der Tod***

Aber ich möchte leben.

Leb wohl!

P.S.: *Eins muss man Dir jedoch lassen. Du hast mir gezeigt, wo **meine Grenzen** sind.*

Mit freundlicher Genehmigung von Herrn L. aus Köln

3. Äußere Auslöser für Alkoholmissbrauch

Warum kommt es im Leben eines Menschen zu einer Veränderung des Alkoholkonsums? In den meisten Fällen steht dies im Zusammenhang zu einer besonderen Lebenssituation oder einem Ereignis - jedenfalls glauben wir das. Wir denken an Schicksalsschläge wie Unfall, Krankheit und Tod. So nachvollziehbar solche Gedanken auch sind, laufen wir Gefahr etwas zu übersehen.

Die meisten meiner Klienten schauen mich verunsichert an, wenn ich sie nach ihrem ersten Alkoholkonsum befrage. Nach einiger Zeit des Überlegens fällt es ihnen dann wieder ein. Bei dem einen waren es die eigenen Eltern, die zu Sylvester anregten, doch mal ein „Gläschen' Bier mitzutrinken. Bei dem anderen war es der Freund, der seinem Vater zwecks „Weinprobe" eine Flasche aus dem Keller entwendet hat.

Im Zusammenhang mit dem eigenen Elternhaus ist wichtig, sich bewusst zu machen, dass Vater und Mutter eine Modellfunktion besitzen. Was sie tun, wird von Kindern als richtig bewertet. Damit sind die Eltern ein Vorbild, auch beim Alkoholkonsum. Demzufolge kann der Grundstein für Alkoholmissbrauch bereits in der Kindheit oder Jugend gelegt worden sein.

Einer meiner Ex-Klienten ist quasi in der Kneipe seiner trinkenden Mutter aufgewachsen. Der Vater, selber Alkoholiker, „kehrte irgendwann vom Zigarettenholen nicht zurück".
Ab diesem Zeitpunkt brachte die Mutter abwechselnd neue Partner mit nach Hause, allesamt Trinker. Dass mein Klient bereits in junger Jahren damit begann, ebenfalls stark zu trinken, verwundert niemanden, oder?

In der Regel findet der 1. Alkoholkonsum zwischen dem 10. und 14. Lebensjahr statt. Oftmals in Verbindung zum Umfeld, also den Freunden („Übersetzung" für jüngere Leser: Kollegen).

Erinnern sich Klienten eher oberflächlich an diese Zeit zurück, fallen ihnen meistens nur ein paar lustige oder „verrückte" Situationen ein. Schauen wir uns im Verlauf der Beratung die Vergangenheit ernsthafter an, machen oft folgende Fragen nachdenklich:

- Wie kam ich in dieses Umfeld hinein?

- Was wollte ich von den anderen?

- Wer in der Clique war der „Chef" - auch „in Sachen Alkohol"?

- In welcher Beziehung stand ich zum „Chef"?

- Wo befand ich mich in der „Rangordnung"?

- Warum habe ich mitgemacht?

Hinweis:

Bei der Beantwortung dieser Fragen überschneiden sich die Themen „äußere und innere Auslöser." Letzteres wird im nächsten Kapitel ausführlich behandelt.

Im weiteren Leben eines jeden Menschen treten natürlich eine Vielzahl neuer äußerer Auslöser auf. Wie wir wissen, ist das Schicksal immer wieder für Überraschungen gut. Und gerade dann, wenn sich in den wichtigen Lebensbereichen Probleme entwickeln, kann uns das an die eigenen Grenzen bringen.
Um Ihren persönlichen äußeren Auslösern näher zu kommen, begeben wir uns nun auf eine „kleine Reise."

3.1 Die Familie

Wie erinnern Sie sich an Ihre Kindheit? Denken Sie an die unangenehmen Ereignisse im Zusammenhang mit den Eltern oder Geschwistern. Welche Gefühle waren besonders ausgeprägt? Gibt es etwas, dass Sie bis heute nicht ganz verwunden haben?

Für die meisten von uns hat der Bereich Familie auch im späteren Leben eine hohe Bedeutung. Treten dort tiefgreifende Ereignisse ein, reagieren wir entsprechend sensibel. Vor allem in Familienkrisen sind naturgemäß mehrere Verwandte gleichzeitig betroffen. Somit prallen verschiedenste Emotionen und Meinungen aufeinander. Die Lage zu entspannen, um Lösungen zu finden, ist in vielen Fällen alles andere als einfach.

Denken Sie an die gegenwärtige familiäre Situation. Was ist unbefriedigend und wie lange hält der Zustand bereits an? Sind Sie aktiv geworden, um die Probleme zu beseitigen und dabei gescheitert? Oder glaubten Sie bis jetzt, es gäbe gar keine Lösung und sind deshalb passiv geblieben?

3.2 Der Lebensbereich Partnerschaft

Welche früheren Beziehungen fallen Ihnen spontan ein? Trauern Sie jemandem nach oder fühlen sich sogar für die Trennung verantwortlich? Können Sie Ihrem Ex-Partner irgendetwas nicht verzeihen?

Falls Sie in Ihrer jetzigen Beziehung nicht glücklich sind: Hinterfragen Sie die Gründe dafür. In Partnerschaften sehen sich viele selber oder den anderen in der Täter- oder Opferrolle. Bedenken Sie, dass es trotzdem immer zwei Beteiligte gibt!

Möglicherweise sind Sie schon länger Single und fragen sich, warum „alle" einen Partner finden, nur Sie nicht? Je öfter Sie sich solche und ähnliche Gedanken machen, desto eher droht auch hier eine Opferhaltung.

3.3 Der Lebensbereich Beruf

Wie zufrieden sind Sie mit Ihrer Berufswahl und der Karriere? Gab es vielleicht Vorgesetzte oder Kollegen, die Sie in Ihrer Entwicklung behindert haben, denen Sie eine gewisse „Schuld" an Ihrer heutigen Situation geben?

Oder sind Sie zufrieden mit dem, was Sie erreicht haben, sagen sich aber mittlerweile, dass Sie zu viel Zeit und Kraft investieren mussten - der Preis für den Erfolg zu hoch war?

3.4 Der Lebensbereich Freunde

Bereuen Sie, gewisse Freundschaften eingegangen zu sein? Sind Sie von ehemaligen Freunden enttäuscht, weil Sie sich ausgenutzt oder allein gelassen fühlten?
Wie haben Ihre Freunde auf den Führerscheinentzug reagiert? Gab es Anteilnahme und eine Form von Verständnis oder ernteten Sie nur Spott und Häme?

3.5 Der Lebensbereich Gesundheit

Welche Erkrankungen haben Sie bisher durchgemacht? Handelte es sich um körperliche oder seelische Probleme?

Ist die jeweilige Ursache bekannt, und was hat Ihr Arzt dazu gesagt? Machte er Ihnen Vorwürfe? Wie sehen Sie die Dinge selber? Versuchen Sie festzustellen, ob und inwiefern es durch körperliche Erkrankungen zu einer Verschlechterung Ihrer Stimmung kam.

Ich weiß, was es für Sie bedeutet, sich die Lebensbereiche mit allen Sorgen und Problemen ansehen zu müssen. Doch für eine erfolgreiche MPU kommen Sie leider nicht drum herum. Versuchen Sie die Vorteile der Reflexion zu erkennen - und die Chancen!

Während Sie alle Lebensbereiche durchforsten, schreiben Sie am besten in Form einer Liste alles auf, was Sie in der Vergangenheit belastet hat und was Ihnen zum jetzigen Zeitpunkt nicht gefällt. Im Anschluss daran versuchen Sie, zu jedem Punkt folgende Fragen zu beantworten:

- Was hätte ich ändern können und was kann ich noch ändern?

- Wie hätte ich es ändern können und wie kann ich es jetzt noch verändern?

- Wer hätte mir helfen können und wer könnte mir heute dabei helfen?

- In welchen Lebenssituationen veränderte sich mein Trinkverhalten negativ und was wollte ich eigentlich vom Alkohol?

Konzentrieren Sie sich auf die Umstände in Ihrer Liste, die Sie gerne ändern möchten. Setzen Sie nun Prioritäten, in dem Sie die Themen mit einer Reihenfolge versehen. 1. für den bedeutendsten Sachverhalt bis hin zu den weniger wichtigen Punkten.

Sie sind überzeugt davon, dass Sie einige Dinge nicht ändern können, weil es dafür zu spät ist? In diesem Fall sollten Sie versuchen, sich abzufinden - loszulassen. Denn sicherlich möchten Sie nicht den Rest Ihres Lebens damit verbringen, zu leiden?!

Allerdings sollten Sie sich im nächsten Schritt den veränderbaren Themen zuwenden. Beginnen Sie mit denen, die weniger schwierig sind. Denken Sie darüber nach, wann und auf welchem Wege Sie die Aufgaben angehen wollen. Sie glauben jetzt vielleicht: „Ja, ja, der hat gut reden" oder „Wie soll ich das denn alles schaffen?" Keine Sorge, das ist völlig verständlich. Doch bevor Sie zu diesem Zeitpunkt „die Flinte vorschnell ins Korn werfen", sollten Sie die Aufgaben erst einmal „parken" und das nächste Kapitel lesen.

4. Innere Auslöser für Alkoholmissbrauch

Stellen wir uns vor, ein Betroffener sitzt in der MPU vor dem Gutachter. Der Psychologe stellt folgende Frage: „Wissen Sie, in welcher Lebenssituation Sie begonnen haben, mehr zu trinken?"

Der Klient antwortet: „Ja, das war Ende 2008, da hat sich meine Frau plötzlich negativ verändert - es gab ständig Streit." „Was war das Problem?" will der Gutachter wissen. „Sie wollte auf einmal ohne mich ausgehen. Mit ihren Kolleginnen in die Kneipe, und das auch noch am Wochenende. Eine neue Frisur hat sie sich machen lassen - kaufte sich ständig neue Klamotten." „Wie sind Sie damit umgegangen?" fragt der Gutachter. „Ich hab mich grün und blau geärgert und sie gefragt, ob sie noch ganz frisch ist. Meine Frau meinte, sie sei mir doch sowieso egal. Jedenfalls bin ich ab dem Zeitpunkt regelmäßig mit ein, zwei Kumpels in die Kneipe. Die verstanden mich wenigstens - hatten auch Probleme mit „ihrer Alten."

Was können wir diesem Gesprächsausschnitt entnehmen?

- Der Klient kennt den „Äußeren Auslöser" = Eheprobleme.

- Der Zeitpunkt der beginnenden Probleme ist bekannt = 2008.

Interessante Merkmale der Aussagen:

- Die Ehefrau hat sich plötzlich verändert.

- Der Betroffene war sehr verärgert und reagierte aggressiv.

- Er bezeichnet seine Frau als „Alte".

- Laut Ehefrau ist sie ihm gleichgültig.

Reaktion des Klienten:

- „Rückzug" aus der Kommunikation.

- Versuch, bei Anderen Halt und Verständnis zu bekommen.

- Vermehrtes Trinken - offenbar wegen des Problems.

Zurück in unsere MPU-Situation. Der Psychologe fragt weiter: **„Können Sie sich vorstellen, dass die Veränderung Ihrer Frau mit Ihnen zu tun haben könnte?"** „Was soll das denn mit mir zu tun haben? Ich glaube, die Frauen spinnen heutzutage alle."
„Was denken Sie, warum Sie auf das Problem so reagierten, wie geschehen?" „Weil das alles sinnlos ist. Entweder sie kommt von selber wieder zur Vernunft oder sie verlässt mich. Da kann man nichts machen."

Sicherlich ist Ihnen an der Fragestellung des Psychologen etwas aufgefallen. Er fragt Informationen zu den persönlichen Hintergründen des Klienten ab - den „Inneren Auslösern"

Wie hat der Betroffene auf diese Fragen geantwortet? Im Grunde genommen so, als ob er mit der ganzen Sache gar nichts zu tun hat. Anders betrachtet: Er zeigt sich unreflektiert. Dafür gibt es natürlich eine Ursache: Der Klient weiß über sich selber eher wenig.

Sie glauben, unser MPU-Klient sei eine Ausnahme? Mit Sicherheit nicht. Jeden Tag fallen in Deutschland reihenweise Menschen durch die MPU, weil sie sich ihres eigenen Charakters und ihrer eigenen Einstellungen und Verhaltensweisen nicht ausreichend bewusst sind.

Warum sind diese Themen für den Gutachter von ausschlaggebender Bedeutung? Um dies zu verdeutlichen, kehren wir noch einmal zu unserem Beispiel-Klienten zurück.

Nehmen wir an, dieser erzählt dem Gutachter, seine Eheprobleme seien „Schnee von gestern", weil er mittlerweile getrennt lebt. Damit ist der äußere Auslöser zwar nicht völlig beseitigt, aber deutlich abgemildert. Jedenfalls gibt es zu Hause keinen Streit mehr. Wenn der Klient aber keinerlei Verbindung zwischen dem Eheproblem und seiner Persönlichkeit erkennen kann, ist das für den Gutachter kein gutes „Omen" für die Zukunft. Warum?

Der Betroffene konnte keine neuen Erkenntnisse hinzugewinnen, hat quasi nichts dazugelernt. Trifft er irgendwann eine neue Partnerin, wird er die alten Verhaltensweisen und Einstellungen mit in diese Beziehung nehmen. Dann treten womöglich ähnliche Probleme wie in seiner Ehe auf. Alles könnte sozusagen von vorne losgehen: Der Alkoholkonsum steigt abermals an, er trifft sich erneut mit den trinkenden Kumpels in der Kneipe. Und eines Tages sitzt er wieder betrunken am Steuer.

Um das Thema noch weiter zu vertiefen, schauen wir uns folgenden Ansatz an. Ein MPU-Klient berichtet von seinem Eheproblem. Die Frau ist mit der Beziehung unzufrieden, weil gemeinsam zu wenig unternommen wird. Außerdem stört sie die Wohnsituation und die wirtschaftliche Lage, kurzum - er verdient nicht genug Geld.

Wir stellen uns vor, dass zum Zeitpunkt der auftretenden Beziehungsprobleme in Deutschland 5 Millionen Ehemänner vor einer sehr ähnlichen Situation stehen. Interessant ist der Umstand, dass jeder einzelne dieser Männer anders damit umgeht. Sehen wir uns ein paar mögliche Reaktionen auf die Kritik der Ehefrauen an:

- Öfter mit der Partnerin etwas unternehmen und Überstunden machen bzw. Nebenjob suchen. Zusätzlich versprechen, in absehbarer Zeit umzuziehen.

- Eigener Frau mitteilen, Ausgehen sei zu teuer und Mehrarbeit käme nicht in Frage. Umziehen wäre in nächster Zeit kein Thema.

- Seiner Ehefrau sagen, sie soll selber mehr Geld nach Hause bringen. Dann könnte man sich auch mehr leisten.

- Einen Kredit aufnehmen, vielleicht sogar für Wohneigentum.

- Der Gattin vieles versprechen, dann aber nichts halten.

- Auf die Kritik der Partnerin nicht eingehen - „die Ohren auf Durchzug stellen." Versuchen, das Problem auszusitzen.

- Intensive Gespräche mit Ehefrau führen, um gemeinsam Lösungen zu erarbeiten.

Zusätzlich können folgende Fragen Aufschluss zu den Ursachen der Probleme bringen:

- „Warum wollte ich damals ausgerechnet diese Frau heiraten?"

- „Sind die jetzigen Schwierigkeiten bereits früher absehbar gewesen?"

Ich denke, Sie sehen, dass wir selber schon etwas damit zu tun haben, dass sich Probleme überhaupt entwickeln. Und mit dem Umstand ob, bzw. wie wir die Schwierigkeiten zu meistern versuchen, ist es genauso.

Wir können es also drehen und wenden, wie wir wollen: Die Entwicklung unseres Lebens wird maßgeblich durch Charaktereigenschaften,

Verhaltensweisen und Einstellungen beeinflusst. Wenn Sie das akzeptieren, werden Sie in Bezug auf Ereignisse nicht mehr so häufig vom „Zufall" sprechen.

Wie Sie mittlerweile wissen, hat eine positive MPU ebenfalls nichts mit Zufall zu tun. Demgegenüber ist ein wesentlicher Faktor für den Erfolg ein neues, erweitertes Bewusstsein in Bezug auf die eigene Persönlichkeit und Vergangenheit.

Dazu ein Beispiel: Ein Mann, unsterblich verliebt, heiratet nach ein paar Monaten seine hübsche Freundin, die aus „gutem Hause" kommt. Sein Bewusstsein zu diesem Zeitpunkt sagt ihm, dass der Grund für die Heirat reine Liebe ist. Probleme für die Zukunft kann er sich überhaupt nicht vorstellen.

Jahre später, die Ehe liegt in Scherben, sieht er die Dinge anders. Durch Nachdenken und intensive Gespräche mit einem Freund wird im einiges bewusst:

- Störende Eigenschaften seiner Frau (z.B. der Hang zum Materiellen) wurden von ihm verdrängt.

- Er glaubte, die hohen Ansprüche seiner früheren Angebeteten langfristig erfüllen zu können. Dies empfindet er heute als völlig unrealistisch.

- Bei der Entscheidung zur Ehe spielte die „Bettqualität" eine unangemessen große Rolle.

- Das gute Aussehen seiner Frau machte ihn früher stolz. Später reagierte er jedoch zunehmend genervt auf die vielen „neidischen und gierigen Blicke" anderer Männer und begann unter seiner Eifersucht zu leiden.

- Das heitere Gemüt seiner Ehefrau empfand er damals erfrischend, nach Jahren nervte ihn ihre Oberflächlichkeit.

- Er sieht ein, durch die Beziehung versucht zu haben, das eigene schwache Selbstvertrauen aufzubauen.

- Schließlich kommt er zu der Überzeugung, dass die Ehe ein Fehler war, den er zu verantworten hat.

An diesem Beispiel lässt sich erkennen, inwiefern und in welchem Ausmaß sich unser Bewusstsein verändern kann. Anhand der Geschichte einer meiner Ex-Klienten wird uns manches noch klarer:

Der Klient, ein Selbstständiger führte eine kleine, gut laufende Firma. Er lebte zusammen mit Frau und Kind in einem Einfamilienhaus. Eines Tages teilte ihm seine Frau mit, sie wolle seinen geschäftlichen „Papierkram" nicht mehr erledigen. Er sagte ihr, dann sei er gezwungen, eine kostspielige Sekretärin einzustellen, mit der Folge noch mehr arbeiten zu müssen. Diese Information änderte allerdings nichts am Entschluss seiner Gattin.

Nach ein paar Monaten meinte die Ehefrau, dass sie eine Haushälterin benötige. Sie selber wolle jedenfalls keine Hausarbeit mehr machen. Gesagt - getan, ihr Ehemann willigte ein. Zu diesem Zeitpunkt kam mein Klient täglich erst gegen 21.00 Uhr nach Hause. Anschließend begab er sich noch in seine Werkstatt, um Arbeiten für den nächsten Tag vorzubereiten. Samstagsarbeit war bis dahin schon lange zur Normalität geworden.

Wiederum ein paar Monate später beschwerte sich seine Frau erneut. Dieses Mal ging es darum, das Haus inklusive Grundstück sei zu klein. Mein Klient glaubte, die einzige Lösung läge darin, das zum Verkauf stehende Nachbarhaus zu kaufen. Da mein Ex-Klient nun quasi rund um die Uhr arbeitete, stand nach einiger Zeit neuer Ärger an. Seine Ehefrau beklagte sich massiv darüber, dass er ja kaum noch zu Haus wäre.

Von nun an gab es regelmäßig Streit und mein Klient suchte mehr und mehr Trost im Alkohol - bis zum Tag X. Sie können es sich denken, das war der Tag, an dem sein Führerschein verloren ging.

Was ist dem Klienten im Nachhinein in Bezug auf den „Inneren Auslöser" bewusst geworden? Nach einigen Stunden Beratung erkannte er, dass vor allem zwei seiner Grundeigenschaften die beschriebene Entwicklung erst möglich machten: Gutmütigkeit und Beeinflussbarkeit.

Mein Klient hatte über Jahre hinweg versucht, seiner Frau alles recht zu machen, aber dabei die eigenen Bedürfnisse aus den Augen verloren. Wie ist so etwas möglich? Mit dem Selbstwertgefühl dieses Betroffenen stand es nicht zum Besten. So wartete er Jahr für Jahr auf ein lobendes Wort seiner Frau. Das kam allerdings nicht, so dass er unbewusst meinte, alle Erwartungen seiner Frau erfüllen zu müssen. Leider gegen die eigene Überzeugung und auch gegen sein Gefühl für richtig und falsch. Aufgrund dieser Entwicklung litt sein Selbstwertgefühl immer mehr - bis zu dem Punkt, an dem der Alkohol „helfen" sollte.

Nachträglich betrachtet ergab sich aus seinem Führerscheinentzug ein persönlicher Vorteil: dass er in meine Beratung kam und sich dadurch wesentlich besser kennen gelernt hat. Schließlich bestand er die MPU und ging von da an authentischer durch sein Leben als jemals zuvor.

An dieser Stelle möchte ich noch einmal auf den Begriff „Chance" hinweisen. Auch, wenn Sie sich nicht freiwillig, sondern unter „MPU-

Zwang" intensiver mit sich beschäftigen: Neue Möglichkeiten Ihr Leben positiver zu gestalten ergeben sich allemal.

4.1 Finden Sie heraus, wer Sie wirklich sind

Denken Sie darüber nach, welche Charaktereigenschaften Sie besitzen. Beginnen Sie mit den Stärken. Notieren Sie alle, die Ihnen einfallen. Nehmen Sie sich die Zeit, die Sie benötigen, denn für die meisten ist diese Aufgabe schwieriger, als zunächst gedacht. Falls Sie nicht weiterkommen, sprechen Sie ruhig mit Freunden oder Vertrauenspersonen darüber. Gespräche dieser persönlichen Art zu führen, kann sich für Sie als sehr fruchtbar erweisen. Einerseits erzeugen sie Nähe und intensivieren die jeweilige Beziehung. Andererseits treten wahrscheinlich überraschende Erkenntnisse über Ihre Person zutage.

Natürlich gibt es auch noch die andere Seite - die Schwächen. Im Hinblick auf die MPU sind sie von besonderer Bedeutung. Wer aber schaut sich schon gerne seine „schwache" Seite an? Vielleicht fällt Ihnen diese Aufgabe leichter, wenn Sie statt „Schwächen" den Begriff „Entwicklungsbereiche" notieren. „Hört" sich besser an, oder?

Machen Sie nun eine Aufstellung Ihrer Entwicklungsbereiche und schauen sich im Anschluss noch einmal die Liste Ihrer äußeren Auslöser an. Versuchen Sie festzustellen, welche äußeren und inneren Auslöser im Zusammenhang zu betrachten sind. Überlegen Sie dann, welche Probleme ungelöst geblieben sind bzw. was Sie hätten besser machen können. Denken Sie abschließend über die möglichen persönlichen Ursachen bzw. Entwicklungsbereiche nach.

Stellen Sie sich zum jeweiligen Problem die Frage, was Sie damals (eventuell auch noch heute?) davon abgehalten hat, das zu entscheiden und umzusetzen, was Sie wirklich wollten. Wem hätten Sie besser was gesagt? An welchem Punkt haben Sie vielleicht mit „Ja" geantwortet, obwohl Sie „Nein" meinten?

Was steckt eigentlich hinter unseren Schwächen?
Die Antwort kann in einen Begriff gefasst werden: **ANGST**

Ja, wir alle haben mit Ängsten zu tun. Das ist nicht ungewöhnlich - niemand braucht sich deswegen zu schämen. Trotzdem ergibt sich die Frage, was wir mit dieser Gewissheit anfangen. Sie zwingt uns zu einer Entscheidung. Deshalb frage ich Sie:

„Wollen Sie Ihre Ängste behalten oder doch lieber loswerden?" Da ich davon ausgehe, dass Sie sich von einigen Ängsten befreien möchten, arbeiten wir nun gemeinsam daran.

4.2 Wie entstehen eigentlich unsere Ängste?

Eine beispielhafte Darstellung: Stellen Sie sich vor, ein fünf Jahre altes Kind spielt in seinem Zimmer und bringt dabei so ziemlich alles durcheinander. Die Mutter bekommt davon nichts mit, da sie in der Küche werkelt. Während dessen kommt der übel gelaunte Vater nach Hause. Aufgrund der Geräuschkulisse im Kinderzimmer geht er zu seinem Jungen, um nachzusehen.

Er sieht das Durcheinander und seinen Sohn, der damit beschäftigt ist, seine Playmobil-Sammlung tief fliegen zu lassen. Der Vater geht mit übler Miene auf den Kleinen zu und schreit ihn an: „Bist Du von allen guten Geistern verlassen? Ich arbeite mich krumm und schief, um Dir das ganze Zeug kaufen zu können. Und Du hast nichts Besseres zu tun, als alles kaputtzumachen. Wir hätten uns damals lieber ein Kind aus dem Heim geholt. Diese Kinder wissen jedenfalls die Spielsachen zu schätzen. Und wenn Du so weiter machst, tauschen wir Dich gegen ein dankbares Kind ein. Hast Du kleiner Blödmann das verstanden?"

Der Vater gibt dem Jungen eine Ohrfeige und schreit weiter: „Das hast Du nun davon. Und außerdem gibt es eine Woche weder Fernsehen noch Süßigkeiten."
Der Kleine fängt an zu weinen, worauf hin der Vater brüllt: „Du hörst sofort mit dem Geplärr auf, sonst gibt's direkt noch eine hinterher."

Plötzlich steht die Mutter im Raum und sagt: „Was ist denn jetzt schon wieder los und wie sieht es hier überhaupt aus?" Vorwurfsvoll blickt Sie zu Ihrem Sohn hinunter. Der Vater wendet sich seiner Frau zu und sagt: „Wieso kriegst Du von dem ganzen Chaos hier eigentlich nichts mit? Jetzt, wo Du nur noch einen halben Tag arbeitest, bist Du offenbar immer noch mit allem überfordert, oder was?"

Die Mutter: „Wie bitte, ich höre wohl nicht richtig. Wer kümmert sich denn hier um den Haushalt? Putzen, waschen, kochen, bügeln, einkaufen, Kindererziehung, während der feine Herr sich im Büro von seiner Sekretärin den Kaffee bringen lässt."

Jetzt dreht der Vater auf: „Ach so, ich sitze den ganzen Tag untätig in der Firma herum, ja? Die bezahlen mich also nur fürs Surfen im Internet und dafür, ein bisschen beim Kaffeetrinken herumzutelefonieren. Du hast doch gar keine Ahnung, was ich alles am Hals habe. Aber gut zu wissen, wie Du über meinen Job denkst. Kümmere Du Dich lieber um Deine Pflichten, zum Beispiel die Kindererziehung. Das funktioniert ja ganz hervorragend. Ich brauche mich nur in diesem Zimmer umsehen, und schon weiß ich Bescheid."

Die Mutter fängt nun auch an zu weinen und sagt zu Ihrem Sohn: „Siehst Du, was Du angerichtet hast. Wegen Dir streiten sich Papa und

Mama. Zur Strafe darfst Du am Samstag nicht auf den Kindergeburts-
tag. So, und gleich geht's ab ins Bett - aber ohne das Sandmännchen."

Der Vater schaut hinunter zu seinem Sohn und sagt: "Und wenn ich
morgen nach Hause komme, ist hier alles picobello aufgeräumt, verstanden? Sonst kannst Du die Anmeldung im Fußballclub vergessen."

Die Eltern verlassen das Kinderzimmer. Allerdings dreht sich der Vater
noch einmal um, hebt den Zeigefinger und sagt mit bedrohlichem Un-
terton: „Bürschchen, pass schön auf."

Beide Elternteile verhalten sich dem Sohn gegenüber tagelang distan-
ziert und abweisend. Der Vorfall im Kinderzimmer wird ihm noch mehrere Male vorgehalten.

Vielleicht denken Sie jetzt, was Sie mit dieser (etwas überzogen dargestellten) Geschichte zu tun haben? Denn möglicherweise erinnern Sie
sich nicht an solche Vorkommnisse. Die Ursache dafür kann folgende
sein: Aus Gründen des Selbstschutzes wurden die Ereignisse von Ihrer
Psyche verdrängt. Tatsache ist, dass die meisten von uns ähnliche Erfahrungen machen mussten. Der Hintergrund dafür hängt mit unserer
Mentalität zusammen, in der der Ansatz der Schuld tief verwurzelt ist
und die Erziehungsmethoden bis heute prägt.

Wie hat der Junge das Ganze erlebt und „was hat es mit ihm ge-macht"?

Für den Sohn ist das Erlebnis eine einzige emotionale Katastrophe. Er
kann nicht wissen, dass sein Vater einen schlechten Tag hatte. Ebenso
wenig kann er mit dem Begriff „Eheprobleme" etwas anfangen. Deshalb
kann er nicht differenzieren, sich innerlich nicht distanzieren und bezieht alles auf sich. Für ihn gibt es nur eine Botschaft: Ich bin ein böses

Kind, das es nicht wert ist, von seinen Eltern geliebt zu werden und -
ich habe an allem schuld!

Der Junge weiß nun, wie es sich anfühlt, ungeliebt zu sein bzw. abge-
lehnt und bestraft zu werden.

Was sind die möglichen Auswirkungen für den Jungen?

Er wird zukünftig alles tun, um mit negativen Gefühlen dieser Qualität
nicht mehr in Kontakt zu kommen. Also wird er dahin tendieren, Andere
zufrieden zu stellen und ihre Erwartungen und Wünsche zu erfüllen.
Dies „funktioniert" aber nicht ausnahmslos, so dass erneut Schuldgefühle auftreten. Je nach charakterlicher Disposition reagiert der Betroffene in entsprechend unbefriedigenden Situationen depressiv oder aggressiv. Wie auch immer, emotionale Probleme und Verhaltensauffällig-
keiten entstehen auf jeden Fall. In beiden Sachverhalten bestimmt Unsicherheit das weitere Leben.

Aufgrund der gemachten Erziehungserfahrungen wird er später als Er-
wachsener bei auftretenden Konflikten wahrscheinlich selber die
Schuldfrage stellen, wie es früher die Eltern auch getan haben. Der
eher depressive Typ sucht die Schuld bei sich - der aggressive Typ bei
seinem Gegenüber. Der eine ist sich seines schwachen Selbstwertgefühls bewusst und der andere setzt alles daran, sich nicht schwach
oder schuldig fühlen zu müssen. „Unter dem Strich" betrachtet haben
beide das gleiche Problem: Sie mögen sich selber nicht besonders.
Dadurch bedingt entsteht die Schwierigkeit, authentische Entscheidungen zu treffen. Die Folge: regelmäßig auftretende Unzufriedenheit aufgrund „hausgemachter Fehler".

4.3 Wie Sie Ihr Selbstvertrauen zurückgewinnen können

Zum besseren Verständnis schauen wir uns eine klassische Beziehungskonstellation an. Im Mittelpunkt stehen zwei recht unterschiedliche Menschen. Der Einfachheit halber nennen wir den einen L und den anderen A.

L besitzt folgende charakterliche Merkmale: Gutmütigkeit, Hilfsbereitschaft und Beeinflussbarkeit.

A hat hingegen diese Eigenschaften: Zielorientierung, Egoismus und Durchsetzungsfähigkeit.

Wie Sie sehen, handelt es sich um Charaktere, die auf den ersten Blick nicht so recht zusammenpassen. Dies trifft allerdings nur zum Teil zu. Doch schauen wir erst einmal weiter: Während L „stolz" darauf ist mit A bekannt zu sein, kann A den L gut „gebrauchen".

So nimmt das Schicksal seinen Lauf: Nachdem sich beide kennen gelernt haben, dauert es nicht lange, bis A den L um etwas bittet. Dessen Antwort lautet: „Ja klar, gerne." Nach kurzer Zeit tritt A wieder an L heran. Dieses Mal äußert A bereits eine Erwartung: „Du, ich brauche Dich am Samstag wegen der Renovierung." L sagt wieder zu.

Von nun an ist L für A regelmäßig im Einsatz. L käme von sich aus nicht auf den Gedanken, A um einen Gefallen zu bitten. Er will nämlich nicht lästig fallen. Täte er es doch, bekäme er z.B. folgende Antwort: „Wie bitte? Weißt Du eigentlich, was ich alles um die Ohren habe? Nee Du, das geht wirklich nicht." Nach dieser Reaktion wird L den A nie wieder um etwas bitten, hilft ihm jedoch weiterhin.

Sie können sich vorstellen, dass sich im Leben eines „L-Menschen" nicht nur ein, sondern mehrere A befinden. Und die kommen regelmäßig auf ihn zu, weil sie etwas von ihm wollen. Wenn wir davon ausgehen, das L selber alltägliche Verpflichtungen erfüllen muss, kommt insgesamt einiges an Aufgaben für ihn zusammen.

Irgendwann fühlt sich L ausgebrannt und alleine. Er fragt sich, wie es so weit kommen konnte. Wir stellen uns vor, dass ihm durch ein intensives Gespräch mit seinem älteren Bruder folgender Gedanke kommt: Die Ursache für sein Unglücklich-Sein hat etwas mit seinem (A-) Umfeld zu tun.

Wo liegt die Lösung für L?:

Das effektivste Vorgehen wäre, wenn L sich mit allen As unter vier Augen zusammensetzt, um über seine Unzufriedenheit zu sprechen. Doch wie reagieren in der Regel „A-Menschen"? Sie zeigen sich erbost, empört oder auf andere Art verständnislos. Wie sollte L damit umgehen? Die einzig vernünftige Lösung ist die, den Kontakt zu diesen Personen abzubrechen bzw. ihnen keine weiteren Vorteile zukommen zu lassen. Falls sich wider Erwarten ein A einsichtig zeigt und Besserung verspricht, sollte L ihm ruhig noch eine Chance geben.

Nun könnte L meinen, alles erledigt zu haben, um zukünftig Frustrationen im zwischenmenschlichen Bereich vermeiden zu können. Doch leider ist dem nicht so. Denn jeden Tag kann er in eine Situation geraten, in der er doch wieder nicht hinter sich steht. Wie könnte er vorgehen? Natürlich kann es nicht erstrebenswert sein, zu einem egoistischen „A-Menschen" zu mutieren. Und selbst, wenn es jemand wollte, fehlt dazu der „Knopf am Hinterkopf".

Ein kluger Ex-Klient stellte mir zu diesem Thema folgende Frage: „Gibt es eine Art Gesetzmäßigkeit, die ich immer anwenden kann, um in jeder Situation das Richtige tun zu können?" Meine Antwort lautete: **„Folgen Sie Ihrer eigenen Wahrheit!"**

<u>Wie finden Sie Ihre Wahrheit?</u>

Sehen wir uns dazu L noch einmal vor seiner Veränderung an. Er lebte unbewusst nach dieser „Regel": „Ja sagen" ist richtig und gut - „Nein sagen" ist falsch und böse. So zu leben hatte ihn allerdings unglücklich gemacht. Durch seine Ja-Sagerei zeigten sich zwar alle zufrieden mit ihm, behandelten ihn aber zunehmend respektlos. Sie dachten: „Mit ihm kann man es ja machen."

In der Folge „zerbröselte" sein Selbstwertgefühl mehr und mehr. Eines Tages hätte er vielleicht morgens vor dem Spiegel gestanden und nicht mehr gewusst, wen er vor sich hat. L kann diesen negativen Prozess nur stoppen, in dem er beginnt, sich so zu zeigen, wie er wirklich ist.

Ihre Wahrheit finden Sie, wenn Sie auf Ihre Empfindungen und Gefühle achten, sie zulassen und ernst nehmen. Denn: Diese Gefühle - das sind Sie! Schieben Sie sie nicht beiseite, um den Kopf vorzuschalten. Denn auf diese Art wird (wie sicherlich schon oft) folgendes passieren:

<u>Ein Beispiel aus dem Alltag:</u>

Sie fahren in die City, weil Sie sich endlich den Fernseher Ihrer Träume kaufen möchten. Mit gut gefüllter Brieftasche betreten Sie den Fachmarkt und steuern auf die TV-Abteilung zu. Sie sehen sich die verschiedenen Geräte an und stellen fest, dass die Auswahl gar nicht so leicht fällt.

So entscheiden Sie, sich von einem Verkäufer helfen zu lassen. Sie schauen umher und sind froh, einen freien Berater zu entdecken. Lächelnd gehen Sie auf ihn zu und fragen: „Hallo, könnten Sie mich beim Kauf eines Fernsehers beraten?" Mürrisch und eher unmotiviert sagt der Verkäufer: „An was dachten Sie denn so?" Sie antworten: „Ich wollte ein LCD-Gerät kaufen." Verkäufer: „Tja, das wollen viele, aber vielleicht können Sie sich etwas klarer ausdrücken." Sie: „Wie meinen Sie das?" Verkäufer: „Ja meine Güte, Sie werden doch wohl wenigstens die Größe wissen. Oder haben Sie sich im Vorfeld gar keine Gedanken gemacht?" Sie antworten: „Ja, ich dachte ungefähr an diese Größe." und halten dabei die Hände in entsprechendem Abstand auseinander. Verkäufer: „Was soll ich denn jetzt damit anfangen? Na ja, was soll's, kommen Sie mal mit."

Die Konversation geht in ähnlicher Qualität weiter und nach dem Kauf verlassen Sie in schlechter Stimmung das Geschäft. Noch Stunden später denken Sie über das Gespräch mit dem Verkäufer nach. Sie fragen sich, ob Sie Schuld an der miesen Laune des Verkaufsberaters hatten. Dann grübeln Sie darüber nach, ob es eventuell noch andere Gründe gab:

- Möglicherweise ist er unzufrieden, weil es Ärger mit seiner Frau oder seinem Chef gab?

- Vielleicht haben ihm unfreundliche Kunden die Stimmung vermiest?

Zu Ihrer Beruhigung sagen Sie sich selbst: „Was soll's, wenigstens steht hier mein schöner neuer Fernseher." Jedoch denken Sie beim Einschalten des Gerätes noch oft an den unfreundlichen Verkäufer....

Was war passiert?

Als Sie merkten, wie mürrisch und respektlos der Verkäufer mit Ihnen umging, konnten Sie nicht darauf reagieren. Anstatt sich zu beschweren, sind Sie bis zum Schluss in der Situation verblieben. Im Nachhinein suchten Sie zunächst die Schuld bei sich selbst. Dann stöberten Sie gedanklich nach Entschuldigungen für das schlechte Benehmen des

Beraters. Sie verdrängten, dass sich die gesamte Situation überhaupt nicht gut angefühlt hat. Und Ihr Kopf unterstützt Sie dabei, sich selber etwas vorzumachen.

Ihrem Unterbewusstsein können Sie allerdings nichts vormachen. Es wird Sie immer wieder auf Ihre „Fehler" hinweisen: Sei es durch die eigene schlechte Stimmung oder gedankliche Verknüpfungen in entsprechenden Situationen (Fernseher einschalten/Verkäufer) bis hin zu unangenehmen Träumen.

Doch schon heute können Sie Ihrem Leben eine andere Richtung geben. Stehen Sie hinter sich - in jeder Situation! Wenn Sie sich bei einer Sache nicht wohl fühlen, sagen Sie „Nein". Nehmen Sie dabei in Kauf, dass von Ihrer Reaktion nicht alle begeistert sein werden. Dafür spüren die Menschen, dass man mit Ihnen nicht machen kann, was man will.

Machen Sie sich in diesem Zusammenhang auch bewusst, dass ein „Nein" nicht unbedingt negativ klingen muss und zwangsläufig dazu führt, dass der Ablehnende unsympathisch wirkt. Schauen wir uns dazu zwei verschiedene Reaktionen auf eine spontane Einladung von Bekannten anhand eines Beispiel-Telefonates an. Vergleichen Sie selbst:

- Negative Du-Kommunikation: „Na, toll. Das ist Dir ja sehr früh eingefallen. Hat wohl jemand abgesagt und dann seid Ihr auf mich gekommen, oder wie?! Nee, nee, lass mal. Ich gucke mir lieber meinen Film an. Also, bis dann."

  oder

- Positive Ich-Kommunikation: „Ist eine gute Idee, aber ich liege gerade gemütlich auf der Couch und sehe mir einen Film an. Auf den habe ich mich schon die ganze Woche gefreut. Deshalb möchte ich jetzt lieber nicht zum Bowling mitkommen. Aber danke, dass Du an mich gedacht hast. Ein anderes Mal bin ich gerne wieder dabei. Euch wünsche ich natürlich viel Spaß. Bis demnächst."

Ich gehe einfach mal davon aus, dass Ihnen das 2. Beispiel besser gefällt, oder? Der Angerufene lehnt die Einladung ab, steht hinter sich und seinem Vorhaben, bleibt aber freundlich.

Ganz anders in Beispiel 1, wo zwar auch eine Ablehnung geäußert wird, jedoch auf eine vorwurfsvolle Art. Der Angerufene öffnet sich lediglich darüber, seiner Unzufriedenheit Ausdruck zu verleihen, anstatt in kurzen Worten seine Bedürfnisse zu schildern.

Noch ein Beispiel aus dem Bereich Partnerschaft. Eine Ehefrau schildert ihrem Mann im persönlichen Gespräch ihre Vorstellungen von den neuen Möbeln. Zwei verschiedene Reaktionen des Ehegatten:

- Negative Du-Kommunikation: „Wie bitte, Du willst ein neues Schlafzimmer für 10.000,- Euro? Du spinnst wohl. Bei Dir muss aber auch immer alles teuer sein. Vergiss es, daraus wird nichts.

- Positive Ich-Kommunikation: „Die Möbel sind wirklich sehr schön. Wenn ich allerdings den Preis sehe, wird mir ganz anders. Und momentan würde ich mich extrem unwohl fühlen, so viel Geld auszugeben. Wir hätten dann keinerlei Sicherheiten für Notfälle mehr. Ich wäre unter der Bedingung einverstanden, dass wir mit den Anschaffungen noch drei Monate warten und versuchen, woanders etwas günstigere Möbel zu finden.

Die Umstellung Ihrer Verhaltensweisen und Kommunikation geht sicherlich nicht von heute auf morgen. Hier und da wird es Ihnen noch schwer fallen bei einer Entscheidung zu bleiben oder Ihr schlechtes Gewissen wegen einer Ihrer Absagen zu verarbeiten. Aber ganz bestimmt wird es von Tag zu Tag besser werden.

Bereits nach ein paar Wochen oder Monaten werden Sie feststellen, dass Ihr Selbstwertgefühl zunimmt. In der Folge entwickeln sich der Mut und die Kraft, um in Ihrem Leben aufzuräumen - auch mit dem Thema Alkohol. Und sicherlich kommen Sie in die Lage, Ihre persönlichen Ziele direkter und schneller zu erreichen. Wenn Sie sich dann auch noch aneignen, Ihre Erfolge bewusst anzunehmen, sind Sie auf dem besten Weg ein zufriedener Mensch zu werden.

5. Funktionen des Alkohols

Bisher hat der Alkohol in Ihrem Leben zumindest zeitweise eine größere Rolle gespielt. Grund genug, dass Sie sich jetzt damit auseinandersetzen, welche Funktionen er dabei für Sie erfüllt hat. In den nächsten Abschnitten beschreibe ich die beiden am häufigsten anzutreffenden Verhaltensmuster.

5.1 Entlastungstrinken und wirksame Alternativen

Es ist verlockend, nach einem miesen Tag oder einem Streit mit der Partnerin ein paar Gläser zu trinken - bequem ist es allemal. Ein einziger Griff zur Flasche bringt uns der gewünschten Entlastung näher. Und von Glas zu Glas verkleinern sich die Probleme, bis sie zu einem bestimmten Zeitpunkt sogar unbedeutend erscheinen.

Aber wie fühlt man sich am nächsten Tag? Selbstbewusst und stark? Nein, eher im Gegenteil. Auch hier gibt uns das Unterbewusstsein deutliche Signale. In diesem Moment spürt jeder, dass er mal wieder vor einem Problem davonlaufen wollte. Wenn die Partnerin den Alkoholkonsum kritisiert, wird das bereits angeschlagene Ego zusätzlich verletzt. Kommt Ihnen diese Situation bekannt vor? Ein paar typische Reaktionen:

- Rechtfertigungsversuche wie z.B.

„Ach hör doch auf, so viel habe ich doch gar nicht getrunken."

oder

„Jetzt übertreibst Du aber, es waren doch nur ein paar Bier. Und ich hatte wirklich einen harten Tag."

- Aggressionen wie z.B.

„Ja, ja, Du blöde Kuh, wenn Dir nichts Besseres einfällt, ist doch immer der Alkohol schuld."

oder

„Du willst mich nur wieder schlecht machen. Guck Dir mal Deinen Vater an, was der sich an einem Abend so alles an Schnaps in d e hohle Birne kippt."

Warum reagieren viele Männer eigentlich so empfindlich auf „Alkohol-Kritik"? Weil Sie sich persönlich angegriffen fühlen - und ertappt! Bildlich gesprochen hält die Partnerin dem Mann einen Spiegel vor Augen. Allerdings möchte der Partner nicht hineinsehen.

Wir dürfen den Damen dieser Welt ohne weiteres zutrauen, dass sie erkennen, wenn der Partner aufgrund von Unzufriedenheit trinkt. Und in diesem Zusammenhang sollten sich Männer mit der folgenden unbequemen Wahrheit abfinden: Frauen empfinden dieses Verhalten fast ausnahmslos als schwach!

Jedoch denke ich, sind wir uns einig, dass nachkommende Lösungen nicht in Frage kommen:

- Zum „anderen Ufer" wechseln, um uns dort einen trinkenden Mann zu suchen.

- Wir bleiben für immer alleine, damit wir keine meckernden Ehe-frauen um uns herum ertragen müssen.

- Wir suchen uns eine trinkende Partnerin.

- Wir versuchen, unsere jetzige Frau zur Trinkerin umzuerziehen.

- 78 -

Spaß beiseite: Nehmen Sie die Kritik Ihrer Partnerin ernst. Denn so lange, wie sie sich noch beschwert, sind Sie ihr nicht gleichgültig. Ach ja, und da war ja auch noch der Führerschein.-

Ein interessantes Beispiel aus der Beratungspraxis:

Einer meiner Klienten stand kurz vor der Berentung. Er freute sich überschwänglich auf die vor ihm liegende Zeit und zur Krönung bestellte er sich vorab schon mal seinen Traumwagen. Leider ging es der Schwiegermutter zu diesem Zeitpunkt immer schlechter und seine Ehefrau beschloss, die Mutter zu Hause zu pflegen. Allerdings bedeutete dies, dass mein Klient die Pflege von morgens bis nachmittags übernehmen sollte. Seine Frau ging bis zu diesem Zeitpunkt noch arbeiten, so dass sie sich erst abends um die Mutter kümmern konnte.

Mein Klient machte nur zaghafte Versuche, seine Frau von ihrem Plan abzubringen. So schluckte er die Enttäuschung und den Frust hinunter, leider auch zunehmend mehr Alkohol. Bereits am Morgen vor der ersten Pflege der Schwiegermutter trank er ein paar Schnäpse, da er sich vor der anstehenden Arbeit ekelte.

Als die Ehefrau nach Jahren ebenfalls in Rente ging, erwischte sie ihn eines Tages vormittags beim Trinken in der Garage. Es gab einen großen Streit, so dass er von nun an abends heimlich trank, nachdem seine Frau zu Bett gegangen war.

Wegen der „Pflege der Schwiegermutter" gab es immer wieder heftige Diskussionen. Allerdings meistens unter Alkoholeinfluss und jeweils ohne Ergebnis. Während eines dieser Streitgespräche hatte er so viel getrunken, dass er am nächsten Vormittag noch immer deutlich alkoholisiert war. Wegen seines Verhaltens am Vorabend litt er unter seinem schlechten Gewissen. Deshalb wollte er seiner Ehefrau beweisen, dass man sich im Alltag trotzdem auf ihn verlassen kann.

So stieg er in seinen Wagen, um Altpapier zu entsorgen und im Anschluss Geld von der Bank holen. Nach nicht mal zehn Minuten fuhr er unter Restalkohol einen Fußgänger an. Dieser kam glücklicherweise mit einem Nasenbeinbruch und Prellungen davon. Doch mein Klient war seinen „Lappen" los.

Auch in diesem Fall führte der Führerscheinentzug nicht umgehend zu einer Änderung des Trinkverhaltens. Erst, als weitere Nachteile drohten, entschloss sich der Betroffene zur Abstinenz. Ausschlaggebend dafür war die Ankündigung seiner Tochter, ihm den Umgang mit der Enkelin zu verbieten.

Als die Familie feststellte, dass mein Klient die Abstinenz ernsthaft anstrebte und auch durchhielt, nahmen sie ihn völlig anders wahr. Erst ab diesem Zeitpunkt wurden sehr persönliche und ehrliche Gespräche geführt. Auch die Ehefrau konnte dadurch erst verstehen, was in ihrem Mann jahrelang vor sich gegangen war.

<u>Wie können Sie sich ohne Alkohol entlasten?</u>

Sprechen Sie mit Vertrauenspersonen über Dinge, die Sie belasten. Öffnen Sie sich Ihrem Umfeld, anstatt eine „Eremitenrolle" zu spielen, die Sie sich selber auf den Leib geschrieben haben.

5.2 Entspannungstrinken und wirksame Alternativen

Die Leute aus der Werbebranche entwickeln ihre Fernsehspots ganz gezielt. Sicherlich kennen Sie die Reklame einer Brauerei, die mit folgendem Slogan wirbt: „Heute ein König." In dieser TV-Werbung erinnern sich erfolgreiche Menschen an ihre Triumphe. Währenddessen trinken sie genüsslich ein Bier. Ganz nach dem Motto: „Das habe ich mir redlich verdient" oder „Erst die Arbeit, dann das Vergnügen."

Wir wissen alle, dass zunächst viel geleistet werden muss, um große Siege feiern zu können. Wenn wir allerdings ausschließlich den Fokus auf beruflichen Erfolg ausrichten, kann es passieren, dass wir mit dem Blick auf das Ziel den Weg aus den Augen verlieren, und somit unsere Lebensqualität abnimmt.

Wenn das Leben fast ausschließlich aus Leistungs- und Termindruck besteht, fehlt die notwendige ausgleichende Entspannung. Analog zum Entlastungstrinken ist auch hier die Versuchung groß, mit einem Griff zur Flasche das vorhandene Defizit zu kompensieren.

Das mag für ein paar Stunden gelingen. Keine Gedanken an neue Projekte und anstehende Meetings etc. Stattdessen einfach mal in Ruhe einen Film ansehen oder locker mit Freunden zusammensitzen, um sich bei einigen Gläsern Wein über vergangene Urlaubserlebnisse amüsieren.

Doch der nächste Tag kommt bestimmt und der Alkohol fordert seinen Tribut. Weder Körper noch Geist sind fit, die neuen Aufgaben im Job stehen aber trotzdem an. Nun muss noch mehr Energie mobilisiert werden, um die erforderlichen Leistungen erbringen zu können.

Ein dramatisches Beispiel aus meiner Beratungspraxis:

Eines Tages bekam ich den Anruf eines Betroffenen, der mir mitteilte, sein Führerschein sei wegen einer Alkoholfahrt entzogen worden. Weiterhin hätte er bereits eine negative MPU hinter sich gebracht. Deshalb benötige er eine Vorbereitung auf die Untersuchung. Es sei besonders dringend, weil er aufgrund seiner Selbstständigkeit auf den Führerschein angewiesen ist.

Soweit nichts Außergewöhnliches, dachte ich. Als ich mir sein negatives Vorgutachten ansah, stellte sich der Fall allerdings etwas anders dar. Denn in Tateinheit zu der Alkoholfahrt wurde er zusätzlich wegen fahrlässiger Tötung verurteilt.

Am Tattag konsumierte mein Klient während eines Golfturniers einige Gläser Bier. Da er den Wettbewerb gewann, wurde anschließend gefeiert. Dadurch geriet er jedoch in Zeitdruck, weil geplant war, im eigenen Geschäft noch ein paar Aufgaben zu erledigen. Doch dazu sollte es nicht mehr kommen.

Auf der Rückfahrt fuhr er mit hohem Tempo über die Autobahn, um Zeit herauszuholen. Als sich die Straße von drei auf zwei Spuren verengte, wechselte er unkonzentriert auf die rechte Fahrbahn und touchierte dabei das Heck eines Kleinwagens. Der junge Fahrer verlor umgehend die Kontrolle über sein Auto und prallte in eine Betonmauer. Zeitgleich geriet der Wagen des Klienten ins Schlingern und krachte schließlich in die Fahrerseite des Unfallgegners. Trotz aller ärztlichen Bemühungen verstarb dieser einige Stunden später im Krankenhaus.

Wie ich in der Beratung feststellte, befand sich der Klient bereits seit langer Zeit „auf der Überholspur" des Lebens. Im Mittelpunkt stand der Gastronomie-Betrieb, der vor Jahren vom Vater übernommen wurde. Seitdem war mein Klient unentwegt bestrebt, geschäftliche Verbesserungen herbeizuführen. Eine 7-Tage-Woche und 14-stündige Arbeitstage waren zur Normalität geworden.

Urlaub wurde zu einer Ausnahme, regelmäßiges Trinken dafür die Regel. Warum tat sich der Klient das alles an? Unterbewusst hatte er den

Drang, seinem Vater zu beweisen, dass er ein guter Geschäftsmann ist. Sein Selbstwertgefühl konnte er ausschließlich über den Erfolg in der Waage halten.

Mein Klient musste schließlich einsehen, dass der Preis für seinen Erfolg zu hoch war. An diesem Punkt angekommen, setzte er sich erstmals ernsthaft mit den Folgen auseinander, die sein Verhalten für das Verkehrsopfer und dessen Familie hatte.

Noch während der Beratung entschloss sich mein Klient, das Geschäft aufzugeben, um sich zu verkleinern. Zukünftig wollte er seiner Frau, den Kindern und Freunden mehr Zeit widmen. Dadurch machte er die Erfahrung, dass sich der Wert eines Menschen nicht nur an seiner Karriere, sondern eher an der Qualität seiner zwischenmenschlichen Beziehungen messen sollte. Gegen Ende der Beratung erhärtete sich mein Eindruck, dass er bestrebt war, einiges wiedergutzumachen.

Wie können Sie sich ohne Alkohol entspannen?

Entspannen funktioniert nur durch Loslassen. Schalten Sie regelmäßig ab - vor allem den Kopf. Denn wie sagten schon die alten Chinesen: „Unsere Gedanken sind wie kleine Äffchen, die von einem Baum zum nächsten springen."

Hervorragende Möglichkeiten der Entspannung bieten sich, je nach Präferenz, in folgenden Bereichen:

- ✓ Sauna
- ✓ Whirlpool
- ✓ Massagen
- ✓ Klassische Musik
- ✓ Restaurantbesuche
- ✓ Yoga

✓ Tai Chi
✓ Meditation

Experimentieren Sie ruhig und probieren einfach mal etwas Neues aus. Wenn Sie feststellen, dass es funktioniert, integrieren Sie die eine oder andere Aktivität in Ihren Wochenplan.

Wie Sie sehen, ergeben sich aufgrund der Beendigung des Alkoholmissbrauchs neue Chancen Ihre Lebensqualität zum Positiven zu verändern.

Sei es in dem einen Fall dadurch, dass Sie intensivere Beziehungen pflegen, indem Sie offenere Gespräche führen und sich dabei gleichzeitig entlasten.

Oder in dem anderen Fall, weil Sie ausgeglichener leben und sich neben der Arbeit und den Verpflichtungen die nötigen Auszeiten nehmen, um zu entspannen.

6. Planung und Ablauf der MPU

Um Ihre Fahrerlaubnis rechtzeitig zurückzubekommen bzw. um ärgerliche Verzögerungen zu vermeiden, sollten nachfolgend beschriebene Fristen, Zeitpunkte und Erledigungen beachtet werden.

6.1 Der richtige Zeitpunkt für eine MPU-Vorbereitung

Ab der Antragstellung beim Amt vergehen noch ca. 7-8 Wochen Zeit bis zu Ihrer MPU. Sinnvollerweise sollten Sie diesen Zeitraum für eine MPU-Vorbereitung nutzen.

6.2 Möglichkeiten der MPU-Vorbereitung

- Bücher und CD/CD-ROM

  Ich hätte mir sicherlich nicht die Mühe gemacht, dieses Buch zu schreiben, wenn bereits viele brauchbare Medien auf dem Markt existierten. Die meisten Anbieter versuchen, mit Ihrem Angebot das gesamte „Thema MPU" abzudecken. Von juristischen Aspekten angefangen, über Alkoholdelikte bis hin zu Drogen- und Punkteauffälligen. Aufgrund der Themen- und Informationsvielfalt sind diese Werke kaum für eine MPU-Vorbereitung geeignet.

  Sicherlich wäre es sehr gewagt zu behaupten, mein Buch sei für alle Betroffenen zur Vorbereitung ausreichend. Jeder MPU-Fall liegt anders und der einzelne Leser geht individuell unterschiedlich mit den Inhalten eines Buches um. Deshalb bin ich überzeugt, dass eine hochwertige persönliche Beratung durch nichts vollständig zu ersetzen ist (s.u.).

- Internet-Inhalte und Internet-Foren:

  Im World Wide Web finden Sie natürlich etliche Informationen zum Thema „MPU". Wie im realen Leben auch, eignen sich manche Inhalte, um Antworten auf die eigenen Fragen zu bekommen. Doch in Bezug auf MPU-Foren empfehle ich eine gesunde Skepsis. Sicherlich sind einige Mitglieder erfahrene Ratgeber, die eine gewisse Kompetenz besitzen. Allerdings gibt es auch Teilnehmer, die aufgrund ihres Halbwissens vorschnell irgendwelche Tipps geben. So etwas kann für den Betroffenen „ins Auge gehen".

- Persönliche Beratung:

  Auf dem Beratungsmarkt geht es recht bunt zu. Dort finden sich allerlei „MPU-Fachleute" unterschiedlichster Qualifikation und Motivation. Die einen arbeiten professionell und bieten wertvolle Unterstützung an. Andere hingegen offerieren wenig Leistung für viel Geld.

  Auf der Suche nach einer geeigneten Beratungsstelle können Sie sich an eine amtlich-anerkannte Untersuchungsstelle Ihrer Umgebung wenden. Aber auf dem freien Markt werden Sie ebenfalls fündig. Zum Beispiel im Internet oder in den Gelben Seiten.

  <u>Worauf müssen Sie grundsätzlich achten?</u>

- <u>Erfahrung des Beraters:</u> Er sollte über eine langjährige und professionelle Praxis verfügen.

- <u>Qualifikation:</u> Optimale Grundberufe sind Dipl.-Psychologe oder Psychologischer Berater. Da keine gesetzlich geregelte Ausbildung zum MPU-Berater oder Kraftfahreignungsberater existiert, ist eine weitere Orientierung für Betroffene eher schwierig.

- <u>Kosten:</u> Die Honorare pro Zeitstunde liegen im Normalfall zwischen 60,- und 100,- Euro. Da im Schnitt ca. 8-10 Stunden benötigt werden, ergeben sich Gesamtkosten von ungefähr 800,- Euro. Angebote, die deutlich davon abweichen, sind aus meiner Sicht nicht empfehlenswert.

- <u>Vertrauenswürdigkeit:</u> Der Berater sollte in seiner Region zu in der Nähe liegenden MPU-Stellen in gutem Kontakt stehen. Gleiches gilt für die Straßenverkehrsämter. Der MPU-Berater muss sich durch regelmäßigen Austausch mit Gutachtern und Beamten auf dem jeweils neuesten Kenntnisstand befinden. Außerdem sollte es für ihn selbstverständlich sein, auf Ihren Wunsch hin bzw. aufgrund von Notwendigkeit, mit Ihrem Rechtsanwalt zu sprechen. Schließlich gehört es zum Alltag eines seriösen Beraters, mit Ihrer schriftlichen Vollmacht Einsicht in Ihre Fahrerakte zu nehmen.

Falls Sie also bemerken, dass es dem Berater unangenehm ist, mit beteiligten Stellen in Kontakt zu treten, sind Sie gewarnt. So etwas deutet auf fehlende Professionalität hin. Oder es besteht seitens der Behörde oder den MPU-Stellen ein Mangel an Akzeptanz gegenüber Ihrem Berater.

Vertrauenswürdige Anbieter werben nicht mit „Geld-zurück-Garantie" oder „Erfolgsgarantie". Zum Vergleich: Ein Chirurg gibt Ihnen vor einer OP auch keine Garantie. Und ebenso bekommen Sie vor einem Gerichtstermin kein Erfolgsversprechen von Ihrem Rechtsanwalt.

<u>Der Erfolg einer MPU hängt maßgeblich von drei Aspekten ab:</u>

1. Erfüllung der Voraussetzungen in Bezug auf die Untersuchungsrichtlinien der MPU-Stellen
2. Fähigkeiten des Beraters
3. Mitarbeit und Kooperationsbereitschaft des Betroffenen

Der richtige Zeitpunkt für die Wiederbeantragung der Fahrerlaubnis

Ihren Führerschein können Sie 10-12 Wochen vor Ende der gerichtlichen Sperrfrist wiederbeantragen (siehe Strafbefehl oder Gerichtsurteil). Zwecks Antragstellung wenden Sie sich an die Kreisbehörde/Bürgerbüro bzw. die Führerscheinstelle des Straßenverkehrsamtes bei der Stadtverwaltung.

Für die Antragstellung benötigen Sie folgende Unterlagen:

- Passfoto für den neuen Führerschein

- Sehtest bzw. augenfachärztliches Gutachten (z.B. für LKW)

- Bescheinigung über Sofortmaßnahmen am Unfallort bzw. Erste Hilfe-Bescheinigung (z.B. für LKW)

- Führungszeugnis (Einwohnermeldeamt)

- Bescheinigung über eine allgemein-ärztliche Untersuchung ab dem 50. Lebensjahr

Außerdem werden Gebühren für den Antrag in Höhe von ca. 150,- Euro fällig.

6.3 Umgang mit dem Verwaltungsbeamten

Die meisten Betroffenen befinden sich dem Beamten gegenüber in einer eher feindseligen oder ängstlichen Haltung. Das ist nachvollziehbar, weil es ja immerhin diese Behörde war, die den Führerschein entzogen hat. Trotzdem sollten Sie den Weg zum Amt recht entspannt antreten. Wie auch sonst im realen Leben treffen Sie auf einen freundlichen oder eher weniger wohlwollenden Menschen. Das spielt für Ihren Antrag letztendlich keine Rolle.

Ausnahme: Der Beamte teilt mit, dass er eine Aussicht auf Erfolg für eine Wiedererteilung der Fahrerlaubnis nicht erkennen kann. Das könnte z. B. dann der Fall sein, wenn Sie mit einer hohen Promille auffällig wurden, allerdings in der Zwischenzeit weder eine Suchtberatung, noch eine Therapie beansprucht haben. Aber gerade in diese Situation sollten Sie als aufmerksamer Leser gar nicht kommen.

6.4 Auswahl der MPU-Stelle

Seit Jahr und Tag kursieren in allen Regionen unserer Republik Gerüchte über die MPU-Stellen. Den einen wird nachgesagt, dort hätte man keine Chance. Bei den anderen sei die MPU ein „Kinderspiel". Ehrlich gesagt: „Alles Quatsch." Nicht die Auswahl der MPU-Stelle ist wichtig, sondern die Qualität Ihrer Vorbereitung! Allerdings gibt es Untersuchungsstellen, die durch Unfreundlichkeit auffallen. Aus meiner Überzeugung sollten Sie als zahlender Kunde vernünftig behandelt werden. Entscheiden Sie sich deshalb für ein Unternehmen, das einen freundlichen Umgangston pflegt.

6.5 Ablauf einer Medizinisch-Psychologischen Untersuchung

Folgende Erläuterungen sollen Ihnen vorab einen Überblick verschaffen. In Kapitel 7 gehe ich intensiver auf die Inhalte ein.

Im Prinzip ist eine MPU-Stelle mit einer größeren Arztpraxis vergleichbar. Wenn Sie die Räumlichkeiten betreten, begeben Sie sich zunächst zur Anmeldung bzw. Rezeption. In der Regel arbeitet dort eine weibliche Verwaltungskraft. Dieser legen Sie Ihre vorab erhaltene Einladung und den Personalausweis vor.

Falls Sie noch Bescheinigungen (Laborwertberichte, Zertifikat über ein Abstinenzkontrollprogramm, Beratungsbescheinigungen etc.) einreichen müssen, geben Sie sie dort ab. Die Mitarbeiterin wird die Unterlagen dann Ihrer Fahrerakte beifügen. Schließlich händigt die Dame Ihnen einen Fragebogen aus, den Sie im Wartezimmer ausfüllen sollen. Es handelt sich bei den Fragen um Informationen zu Auffälligkeiten, Ihrem Gesundheitszustand und eventuell beanspruchten Maßnahmen (z.B. Suchtberatung oder Therapie).

Nach Rückgabe des ausgefüllten Formulars erwarten Sie drei Untersuchungen: das Gespräch mit dem psychologischen Gutachter, der medizinische Teil bei einem Arzt sowie der leistungspsychologische Test. Dabei geht es um die Überprüfung Ihrer Konzentrations- und Reaktionsfähigkeit. Durchgeführt wird dieser Teil von einem zweiten Psychologen. In welcher Reihenfolge die verschiedenen Untersuchungen stattfinden, kann nicht vorausgesagt werden.

Zusammenfassend lässt sich feststellen, dass Sie durch eine saubere Planung im Vorfeld der MPU zeitliche Verzögerungen und unnötigen Ärger vermeiden können. Gehen Sie auf „Nr.-Sicher" und notieren Sie die notwendigen Erledigungen in Ihrem Terminkalender.

7. Konkrete Vorbereitung auf die MPU

Bevor ich detailliert auf die unterschiedlichen Aspekte der Vorbereitung eingehe, noch ein Tipp vorab:

Versuchen Sie, bis zur MPU so harmonisch wie möglich zu leben. Wenn es eben geht, „parken" Sie größere Aufgaben bis nach Ihrer MPU. Dies hat den Vorteil, dass Sie in der Untersuchung einen freien Kopf haben.

Leider gibt es immer wieder Klienten, die es dann doch anders machen und mitten im Umzugs- oder Beziehungsstress „zwischendurch" zur MPU gehen. Davon rate ich dringend ab.

7.1 Der Fragebogen in der MPU

Nachdem Sie sich bei der Sekretärin der MPU-Stelle persönlich ange-meldet haben, erhalten Sie einen Fragebogen. Dieser ist im Wartezim-mer von Ihnen auszufüllen.

Inhaltlich werden folgende Themen abgefragt:

- Fragen zur Person (z.B. Schulabschluss, Tätigkeit, Familien-stand, Anzahl der Kinder)

- Schilderung eines normalen Wochentages und Beschreibung der Freizeitgestaltung

Hinweis:

Passive Tätigkeiten (z.B. Fernsehen) werden im Gegensatz zu sportlichen Aktivitäten negativ bewertet.

- Gesundheitsvorgeschichte und gesundheitlicher Zustand sowie Medikamentenkonsum

Hinweis:

Folgende Symptome und Erkrankungen könnten mit Alkohol in Zusammenhang stehen: Bluthochdruck, Magenprobleme, erhöhter Blutzuckerwert, erhöhte Blutfettwerte, Fettleber, Entzündung der Bauchspeicheldrüse und Rheuma.

- Fragen zum Konsum von Genussmitteln (z.B. Kaffee, Zigaretten und Alkohol)

Hinweis:

Bedenken Sie, dass man durch Ihre Angaben Rückschlüsse auf Ihr zukünftiges Trinkverhalten ziehen kann. Geben Sie also an, täglich viel Kaffee zu trinken, könnte man bei Ihnen eine Neigung zum Missbrauch von Genussmitteln oder sogar Suchtverhalten vermuten.

- Fragen zu früherem oder heutigen Drogenkonsum

Hinweis:

Es liegt auf der Hand, dass es eher nachteilig wäre, den Konsum von Drogen einzuräumen. Sollten sich jedoch Informationen darüber in der Fahrerakte befinden, müsste der Konsum zwangsläufig eingeräumt werden.

- 92 -

- Informationen zur Verkehrsvorgeschichte

Tipp:

Checken Sie im Vorfeld Ihre Fahrerakte. Das könnten Sie selber tun, der Berater oder Ihr Anwalt. Falls Sie es persönlich erledigen möchten, rufen Sie bei der Führerscheinstelle an und bitten um einen Termin zwecks Einsicht in Ihre Fahrerakte. Vor Ort schreiben Sie sich dann aus evtl. vorhandenen Vorgutachten und Bußgeldbescheiden die Eckdaten der einzelnen Taten und Ordnungswidrigkeiten heraus. Diese sollten Sie am Untersuchungstag in den Fragebogen eintragen. Vergehen, die bereits aus der Akte gelöscht wurden, müssen Sie nicht angeben!

- Fragen zu den Tatumständen

Tipp:

Damit Ihnen bei diesen Angaben keine Fehler unterlaufen, sollten Sie sich folgende Dokumente aus der Fahrerakte genau ansehen: Strafbefehl bzw. Urteilsabschrift, polizeilicher - und ärztlicher Bericht vom Tattag.

- Frühere MPU und derzeit laufende Verfahren

Tipp:

Frühere MPU zu verschweigen macht nur auf den ersten Blick einen Sinn: In dem Fall, wo ein altes Gutachten wegen des Fristablaufs bereits aus der Akte entfernt wurde.

Bedenken Sie: Um den Führerschein wiederzubekommen, musste vor der besagten MPU ein Antrag auf Wiedererteilung gestellt werden. Der ist in der Akte enthalten und weist eindeutig auf eine vorangegangene Entziehung des Führerscheins hin.

Negative Gutachten, die sich noch in der Akte befinden, machen es natürlich unsinnig, die stattgefundene MPU zu leugnen. Schenken

Sie solchen Vorgutachten Ihre Aufmerksamkeit. Es besteht die Möglichkeit, dass der Gutachter Ihnen Fragen zum Inhalt stellt. Widersprüche sollten Sie unbedingt vermeiden.

Für den Fall, dass Sie ein negatives Gutachten zu einem früheren Zeitpunkt nicht einreichen wollten, es allerdings bei Ihnen zu Hause liegt: Auch den Inhalt dieser Beurteilung sollten Sie kennen, wenn Sie im Rahmen der MPU zugestimmt hatten, dass das Gutachten in einer späteren MPU verwertet werden darf. Wenn Sie behaupten, Sie hätten die Bewertung entsorgt oder beim Umzug verloren, kann er sich das Gutachten von der früher gewählten Stelle beschaffen. So käme es dann wieder auf den Tisch.

Wenn Sie Straftaten, Verkehrsstraftaten und Ordnungswidrigkeiten, die noch nicht vollstreckt worden sind, der MPU-Stelle verschweigen, kann „der Schuss nach hinten losgehen." Nämlich in dem Moment, wo Sie ein positives Gutachten beim Straßenverkehrsamt einreichen. Der Beamte kann Ihnen vorhalten, dem Psychologen wichtige Informationen verschwiegen bzw. nicht die Wahrheit gesagt zu haben. Die Folge könnte sein, dass der Beamte Ihnen keine Fahrerlaubnis aushändigt, sondern eine neue MPU fordert.

- Wissensfragen zum Thema Alkohol (z.B. Abbau von Promille)

Hinweis:

Anhand der Informationen aus diesem Buch sollten Sie keine Probleme mit den Antworten bekommen.

- Infos zu früheren Arztbesuchen oder Klinikaufenthalten wegen Alkoholproblemen

Tipp:

Als abstinent lebender Betroffener verschaffen Sie sich ausschließlich Vorteile, wenn Sie offen und ehrlich antworten. Noch besser: Bescheinigungen von Klinikaufenthalten zur MPU mitbringen.

7.2 Gutachten nach Hause oder direkt zum Amt?

Grundsätzlich empfehle ich meinen Klienten, sich Original und Kopie des Gutachtens nach Hause schicken zu lassen. Schließlich bezahlen Sie das Gutachten selber. Möchten Sie es dann nicht auch lieber als Erster in Händen halten? Die Frage danach wird Ihnen in der MPU entweder per Fragebogen oder persönlich gestellt.

7.3 Verwertung negativer Gutachten

Jeder Betroffene kann verhindern, dass sein eventuell negatives Gutachten in der nächsten MPU Verwendung findet. Dazu muss er in diesem Bezug die Frage nach seinem Einverständnis verneinen. Ansonsten könnte das Gutachten in der neuen MPU eingesehen werden, obwohl es beim Amt nicht eingereicht worden ist. Je nach Inhalt des Gutachtens, kann dieser Umstand die MPU-Vorbereitung komplizierter gestalten. Davon abgesehen kann man sich auch die Frage stellen, was ein negatives Vorgutachten in einer objektiv durchzuführenden Untersuchung zu suchen hat?!

7.4   Ihr Auftreten in der MPU

Gutachter können neben Ihren Äußerungen auch Ihr Auftreten bewerten. Ähnlich, wie vor einem Bewerbungsgespräch, ist es sinnvoll, ein paar „Verhaltensregeln" zu beachten.

Ihr Verhalten im Wartezimmer

Suchen Sie sich nach Möglichkeit einen Sitzplatz aus, den jeder, der den Raum betritt, sehen kann. Es soll nicht der Eindruck entstehen, dass Sie sich verstecken wollen.

Bedenken Sie: Unter den anderen „Kunden" befinden sich einige im Warteraum, die schlecht oder gar nicht auf die MPU vorbereitet sind. Diese Betroffenen fürchten das Gespräch mit dem Gutachter besonders. Deshalb könnte jemand versuchen, Sie anzusprechen, um noch Tipps zu bekommen. Für Sie ist es jedoch wichtig, sich auf die eigene Untersuchung zu konzentrieren. Sie können zu diesem Zeitpunkt niemandem mehr helfen, außer sich selbst! Weisen Sie freundlich darauf hin, keine Unterhaltung führen zu wollen.

Ihr Erscheinungsbild in der MPU

- Grundsätzlich empfehle ich allen Klienten, von Kopf bis Fuß top gepflegt aufzutreten. Frisur, Rasur (Achtung: Verzichten Sie auf intensiv duftendes Aftershave oder Parfüm) sowie die Zahn- und Körperpflege sollten stimmen.

- Besonders auffällige Schmuckstücke und Uhren lassen Sie lieber zu Hause. Denn Sie machen weder mit fünfzig Freundschaftsbändchen noch mit der goldenen Rolex am Handgelenk irgendwelche Pluspunkte.

- Zu Ihrer Kleidung: Es ist angemessen, den Gutachtern respekt-voll gegenüberzutreten. Deshalb muss es nicht sein, mit drecki-ger Arbeitskleidung oder zerschlissener Jeans zur MPU zu ge-hen. Ich empfehle, je nach persönlichem Stil, ein bequemes Sakko mit Hemd anzuziehen. Ihre Lieblings-Krawatte lassen Sie aber bitte im Schrank. Entscheiden Sie sich für eine vernünftige Hose - keine Sorge, die gute Jeans darf's auch sein. Und eher konservative Lederschuhe und farblich passende Socken dazu.

Sie werden es vielleicht nicht glauben: Die insgesamt gewählten Far-ben Ihrer Kleidung lassen Rückschlüsse auf Ihre Persönlichkeit zu. Aber keine Sorge, in der MPU bleiben Sie davon verschont. Trotzdem empfehle ich, folgende Farben/Unfarben nicht zu wählen: Braun, Rot, Violett, Pink, Weiß und Schwarz. Günstige Farben: Beige/Sand zu kräf-tigem Grün oder Blau. Alternativ: Blau zu Orange oder Gelb bzw. Grau (eher in der Winterzeit).

Ihre Verhaltensweisen in der MPU

Um die MPU im ersten Anlauf zu bestehen, müssen Sie den Gutachter von sich überzeugen. Sie denken vielleicht, dass günstige Antworten auf die Fragen des Psychologen dazu ausreichen.

Was aber passiert, wenn das, was Sie sagen, nicht durch Ihre Verhal-tensweisen (insbesondere Mimik und Sprache) unterstützt wird? Oder noch schlimmer: Ihr Verhalten überhaupt nicht zu Ihren Aussagen passt? Bedenken Sie dabei die kurze Gesprächsdauer von nur ca. 50 Minuten! Ihnen bleibt also nicht viel Zeit, um einen positiven Eindruck zu vermitteln.

Ein negatives Beispiel aus meiner Beratungspraxis:

Vor Jahren kam ein junger Mann wegen einer Drogenauffälligkeit zu mir. Von Anfang an fiel mir seine außergewöhnliche Mimik auf: Er hatte ein permanentes Lächeln in seinem Gesicht. (Anmerkung: Er war nicht auf Droge!) Zunächst dachte ich, er sei besonders freundlich, eventuell auch unsicher. Nach und nach bezweifelte ich meine Annahme und kam auf den Gedanken, dass er möglicherweise deshalb grinst, weil er die Beratung amüsant findet - ihm die nötige Ernsthaftigkeit für die Sache fehlt.
Um der Angelegenheit auf den Grund zu gehen, sprach ich den Klienten auf sein Minenspiel an. Daraufhin teilte er mir mit, er sei ein positiver und optimistischer Mensch. Deshalb sei seine Mimik nichts Ungewöhnliches. Ich sagte ihm, dass es mich für ihn freut, ein derart frohes Gemüt zu besitzen. Er müsse aber in der MPU aufpassen, damit er sich an entsprechenden Stellen im Gespräch (z.B. Thema „Tattag") nicht kontraproduktiv verhält. Schließlich sei es wichtig, zu bestimmten Sachverhalten sein Bedauern zum Ausdruck zu bringen.

Nachdem er mir mit ernster Miene versicherte, dass das kein Problem für ihn sei, dauerte es noch ungefähr zwanzig Sekunden, bis ich wieder in ein lächelndes Gesicht sah. Noch rund ein Dutzend Mal machte ich ihn auf den Umstand aufmerksam. Letztendlich blieb mir nur noch die Hoffnung, dass ihm in der MPU das Lachen vergehen würde.

Nach knapp zwei Wochen rief mich der Klient an und berichtete mir, durch die MPU gefallen zu sein. Den Inhalt des Gutachtens könne er aber nicht verstehen. Daraufhin bat ich ihn, mit der Bewertung in mein Büro zu kommen.

Ich traute beim Lesen meinen Augen nicht. Die Gutachterin war zwar der Meinung, mein Klient hätte alle Fragen zur Zufriedenheit beantwortet, aber sie könne ihm aufgrund seiner Mimik das Gesagte nicht glauben. Offenbar sei seine Einsicht noch nicht weit genug fortgeschritten. Und aus diesem Grund müsse er noch weiter an sich arbeiten.

Zugegeben, es handelt sich um ein extremes Beispiel. Trotzdem schauen wir uns das Thema „Überzeugungskraft" genauer an. Denn Ihnen soll es ja nicht ähnlich, wie meinem „Smiley-Klienten" ergehen.

Deshalb führe ich Sie im Geiste durch die einzelnen Situationen, die Sie in der MPU erleben werden. In diesem Zuge erhalten Sie jeweils Tipps zu Ihrem Verhalten. Dabei schenken wir den Themen „Mimik" und „sprachliche Betonung" besondere Beachtung. Um Missverständnissen vorzubeugen: Die nachfolgenden Hinweise haben nichts mit Schauspielunterricht zu tun. Denn Sie sollen sich in der MPU keinesfalls verstellen, sondern im Rahmen der persönlichen Möglichkeiten Ihre Überzeugungskraft verbessern. Lesen Sie die jeweilige Situationsbeschreibung neben den Ziffern und die darunter stehenden Hinweise.

1. **Sie sitzen im Warteraum der Untersuchungsstelle. Die Türe öffnet sich und der Gutachter ruft Ihren Namen auf:**
   Verhalten: Sie sehen den Gutachter an und sagen: „Ja, ich bin Frau/Herr X." Kein Aufzeigen per Hand.
   Sprache: Durchschnittliche Lautstärke
   Mimik: Offen, freundlich und interessiert

2. **Der Gutachter bittet Sie, zu ihm zu kommen:**
   Verhalten: Sie stehen auf und gehen in Ruhe auf den Gutachter zu. Bewegen Sie sich dynamisch, aber nicht hektisch.
   Mimik: Offen, freundlich und interessiert

3. **Begrüßung:**
Verhalten: Sie überlassen es der Entscheidung des Gutachters, ob er Sie per Handschlag empfangen möchte. Falls er Ihnen nicht die Hand reicht, belassen Sie es dabei und denken nicht weiter darüber nach. Wenn er Ihnen die Hand gibt, passen Sie Ihren Händedruck seinem an. Grundsätzlich gilt: Vermeiden Sie einen schlaffen oder allzu kräftigen Händedruck. Sofern sich der Gutachter mit seinem Namen vorstellt, versuchen Sie, sich diesen zu merken. Sie hingegen können die freundliche Floskel „Angenehm" äußern.
Sprache: Normale Lautstärke
Mimik: Offen, freundlich und interessiert

4. **Der Gutachter bittet Sie, mitzukommen:**
Verhalten: Sie folgen ihm in sein Büro, wo Sie aufgefordert werden, Platz zu nehmen. Der Psychologe setzt sich vor seinen Computer und beginnt mit der Befragung. Damit der Gutachter seinen Kopf nicht zu stark drehen muss, um Sie anzusehen, rücken Sie Ihren Stuhl etwas in seine Richtung. Beachten Sie, dass der Schreibtisch des Psychologen sein Arbeitsplatz ist. Deshalb sollten Sie sich nicht auf dem Tisch abstützen oder Gegenstände auf ihm ablegen. Ihre Sitzhaltung gestalten Sie derart, dass Sie aufrecht und entspannt sitzen. Folgendes vermeiden Sie: Die Arme vor der Brust zu verschränken, sich vom Gutachter wegdrehen oder die Beine übereinanderschlagen.

Achten Sie zu anfangs darauf, in welchem Tempo der Psychologe die Tastatur bedient. Passen Sie sich mit Ihrer Geschwindigkeit zu sprechen daran an. Sollte er langsam schreiben, kann er Sie nur in größeren Abständen ansehen. Nehmen Sie in diesen Momenten Blickkontakt auf. Im Falle eines Gutachters, der nach dem System „Zehn Finger" oder „Zehn Finger blind" schreibt, sieht die Sache anders aus. Er könnte Sie während der Unterhaltung permanent anschauen. Weil die Konzentration darunter leidet, rate ich ihrerseits davon ab. Lassen Sie Ihren Blick ruhig mal über den Schreibtisch wandern. Oder schauen Sie zwischendurch auf ein Bild an der Wand. Was Sie nicht tun sollten, ist an die Decke oder auf den Boden zu starren.

Mimik und Sprache im Untersuchungsgespräch

Aufgrund der Fragestellungen des Psychologen werden Sie von bestimmten Ereignissen berichten müssen. Wir sehen uns diese Themen nachfolgend genauer an.

Der Tattag:

Verhalten: Bei der Trunkenheitsfahrt handelt es sich um den Anlass für die MPU. Und der ist nicht amüsant. Dementsprechend sollten Sie sich so verhalten, dass Ihr Bedauern zum Ausdruck kommt.
Sprache: Erzählen Sie in unterdurchschnittlicher Lautstärke, aber flüstern Sie nicht.
Mimik: Vermitteln Sie Ernsthaftigkeit, Reue und Distanz zu Ihrem früheren Trinkverhalten und dem Fahrtentschluss.

Der Führerscheinentzug:

Dieses Ereignis wird von den meisten Betroffenen als Schock erlebt. Hinzu kommt die Kritik des Umfelds, die unmittelbar im Anschluss erfolgt. Insgesamt wird diese Zeit als große Belastung empfunden. Das sollte dem Gutachter unbedingt vermittelt werden.

Sprache: Erzählen Sie in unterdurchschnittlicher Lautstärke, aber flüstern Sie nicht.
Mimik: Unterstreichen Sie mit ernsthafter Miene Ihre damalige Empfindung und die Erkenntnis darüber, einen schweren Fehler begangen zu haben.

Phase des Nachdenkens über Hintergründe:
Jeder, der seinen Führerscheinentzug verliert, stellt sich die Frage, wie es überhaupt so weit kommen konnte. Im Zuge der eigenen „Grübelei" und aufgrund der negativen Reaktionen aus dem Umfeld werden dem Betroffenen die Zusammenhänge klarer. Verstärkt wird dieser Effekt durch Wissensvermehrung anhand von Büchern/Internet und eventuell einer Beratung.
Sprache: Berichten Sie in durchschnittlicher Lautstärke und kräftigerer Betonung, wenn Sie über wichtige Erkenntnisse sprechen.
Mimik: Wenn Sie Ihre neuen Einsichten schildern, öffnen Sie die Augen etwas weiter und heben dabei die Augenbrauen an.

Treffen von wichtigen Entscheidungen:
Wenn ein einschneidendes Ereignis wie der Führerscheinentzug das Bewusstsein eines Menschen verändert, führt dies in der Regel dazu, dass er etwas in seinem Leben ändern möchte.

Beispiel: Jemand erkennt, dass sich das eigene Trinkverhalten nachteilig veränderte, seit er Mitglied im Kegelclub ist. Erst jetzt macht er sich auch bewusst, dass er seitdem zusätzlich einmal in der Woche in die Kneipe geht. Durch weiteres Nachdenken wird ihm klar, dass er mittlerweile einige negative Einstellungen („Scheiß drauf" ect.) seiner „Trinkkollegen" mit ihnen teilt Plötzlich kann er den Zusammenhang zu den ungünstigen Entwicklungen in seinem Leben erkennen. Aus Überzeugung trifft er die Entscheidung, aus dem Kegelclub auszutreten und sich vom „Kneipenumfeld" zu lösen.

Sprache: Erzählen Sie mit fester Stimme und kräftiger Betonung wenn Sie die getroffenen Entscheidungen schildern.
Mimik: Halten Sie den Blickkontakt zum Gutachter und setzen Sie einen Gesichtsausdruck auf, der die damalige Überzeugung vermittelt.

Schilderung Ihrer vorteilhaften Entwicklung:
Die MPU kann nur dann zum Erfolg führen, wenn konstruktive Veränderungen in folgenden Bereichen erklärbar gemacht werden können: äußerer und innerer Auslöser für vermehrtes Trinken und diesbezügliche Lösungen. Außerdem die Funktion des Alkohols bzw. eine Alternative zur früher erwünschten Alkoholwirkung.

Wenn Menschen Ihre Probleme meistern, führt dies natürlich zu einer höheren Zufriedenheit. Dieser Prozess sollte vom Betroffenen schlüssig dargelegt werden. Im optimalen Fall in der Art, dass der Psychologe es nicht nur rational, sondern auch emotional nachvollziehen kann.

Sprache: Berichten Sie von den positiven Ergebnissen Ihrer Entscheidungen in normaler Tonlage. Ein positiver Effekt kann erzielt werden, wenn Sie gegen Satzende die Lautstärke unterstreichend anheben.
Mimik: Berichten Sie mit einem entspannten Gesichtsausdruck und lächeln Sie hin und wieder ein wenig. Währenddessen halten Sie den Blickkontakt zum Gutachter.

Die Beantwortung der Fragen zur Zukunft:
Wie Sie wissen, richtet sich die Frage des Amtes in die Zukunft. („Ist zu erwarten, dass Herr X auch zukünftig ein KFZ unter Alkoholeinwirkung...") Von großer Bedeutung sind hier die Fragestellungen zu den Themenbereichen „Trinkverhalten" und „Trinken und Fahren." Bemühen Sie sich, in Bezug auf diese Themen besonders glaubhaft zu sein. Das gelingt Ihnen am besten, wenn Sie im Vorfeld der MPU von sich selbst überzeugt sind.
Sprache: Antworten Sie in kräftiger Stimmlage und betonen Sie die Konsonanten. Ein wenig Rhetorik sollte ebenfalls Verwendung finden. Negatives Beispiel: „Tja, ich glaube schon, dass ich es vielleicht schaffen könnte, nicht wieder betrunken zu fahren."

Positives Beispiel: „Ich bin mir sicher, dass ich mein jetziges Trinkverhalten beibehalte und nie wieder alkoholisiert fahren werde."
Mimik: Ein ernsthafter und überzeugender Gesichtsausdruck verstärkt die Glaubwürdigkeit Ihrer Aussagen. Beim Sprechen sollten Sie auf jeden Fall den Blickkontakt halten!

Tipp zur Überprüfung Ihrer Mimik:
Setzen Sie sich im 90°- Winkel neben einem Spiegel auf einen Stuhl. Sehen Sie nach vorne und setzen Sie nacheinander die beschriebenen Mienen auf. Erst, wenn Sie sich jeweils sicher sind, dass alles passt, schauen Sie in den Spiegel. So finden Sie heraus, wie andere Menschen Sie bisher wahrgenommen haben. Das können Sie ändern, sollten sich jedoch nicht verstellen. Bleiben Sie im Rahmen Ihrer persönlichen Möglichkeiten!

Aktive Mitarbeit in der MPU

Die meisten Betroffenen fürchten sich vor der MPU, insbesondere vor dem Psychologen und dessen Fragen. Das ist absolut verständlich, denn viele Menschen sind bis zu einer MPU noch nie mit einem „Psycho" zusammengetroffen. Erst recht nicht mit einem von der „Sorte", die nicht helfen, sondern einem das Leben irgendwie schwer machen.

Hinzu kommt, dass viele mit dem Bewusstsein zur MPU gehen, sie seien in erster Linie schuldig. Dies betrifft i.d.R. auch die Einsichtigen, die mittlerweile normal trinken oder abstinent leben.
Leider führen die Schuldgefühle im Gutachtergespräch oft zu einem passiven Verhalten. Selbst in Situationen, in denen der Betroffene eine Frage des Psychologen nicht versteht, wird keine Rückfrage gestellt. Stattdessen wird „ins Blaue" geantwortet. Auf diese Art entstehen Fehler und Missverständnisse.

Gehen Sie mit der Überzeugung zum Test, dass Sie, trotz der Alkohol-fahrt, nicht ein Leben lang „auf der Sünderbank" sitzen müssen. Neh-men Sie positive Veränderungen mit in die MPU und sorgen Sie durch Ihre Aktivität für Klarheit im Gespräch mit dem Gutachter.

Tipp:

> Wie bereits erwähnt, sollten Sie sich bei der Begrüßung mit dem Psycho-logen dessen Namen merken, so dass Sie ihn jederzeit korrekt ansprechen können.

Beispiel-Fragen:
- „Frau Müller, ich habe Ihre Frage nicht verstanden. Könnten Sie sie bitte anders formulieren?" oder
- „Entschuldigung Frau Müller, ich konnte Sie gerade akustisch nicht verstehen." oder
- „Frau Müller, leider kenne ich die Bedeutung des Fremdwortes nicht. Erklären Sie mir bitte den Begriff." oder
- „Frau Müller, ich habe gerade nicht verstanden, auf welchen Zeitraum sich Ihre Frage bezieht."

Durch die Rückfragen erzeugen Sie im Gespräch die nötige Klarheit. Dadurch können Sie die Fragen des Psychologen exakt beantworten und sorgen für einen reibungslosen Ablauf. Zusätzliche Vorteile erge-ben sich für Sie, weil der Gutachter Ihre Aktivität und Ihr Interesse posi-tiv bewertet.

Ausführliches Berichten

Viele Betroffene empfinden die Fragen des Gutachters als Druck. Um sich davon zu entlasten, geben sie eine kurz gefasste Antwort. Das ist zwar verständlich, führt allerdings zu einem echten Problem: Der Psy-chologe erfährt kaum etwas. Wie soll der Gutachter eine positive Bewertung schreiben, wenn ihm dazu die nötigen Informationen fehlen? Helfen Sie dem Psychologen und schließlich sich selber, indem Sie ausführlich erzählen. Allerdings sollten Sie keine Zeit verschwenden und sachlich bleiben. Orientieren Sie sich dabei an dem Umfang der von Ihnen erarbeiteten Antworten. Die maßgeblichen Fragen werden im Verlauf dieses Kapitels erörtert.

7.5 Ihre Einstellung zum psychologischen Gutachter

Wir Deutschen pflegen eine eher argwöhnische Haltung gegenüber Psychologen, Psychotherapeuten und Psychiatern. Immerhin wurden im vorletzten Jahrhundert Nervenkliniken noch als „Irrenhäuser" bezeichnet. Demzufolge nannte man den Psychiater „Irrenarzt". Daraus leitete man wiederum ab, dass jeder der dorthin muss, selber „irre" ist. Und wer will das schon sein?

Wegen der bestehenden Abwehrhaltung wollen viele die Unterschiede zwischen den oben genannten Berufen gar nicht wissen. Demzufolge herrscht eine Unkenntnis über die Aufgabenbereiche der drei „Psychos". Dadurch wird jedoch die Unsicherheit ihnen gegenüber aufrecht erhalten. Das sollte sich ändern, um den Umgang miteinander erträglicher zu gestalten.

Damit Sie wissen, mit wem Sie es im psychologischen Gespräch zu tun bekommen, sehen wir uns kurz die Besonderheiten der drei Berufe an:

Mit einem Psychiater werden Sie mit hoher Wahrscheinlichkeit in der MPU nicht in Kontakt kommen. Da es sich um einen Arzt handelt, gäbe es nur die Ausnahme, dass Sie in der medizinischen Untersuchung mit ihm zu tun bekämen. Das ist aber kein Anlass zur Sorge, denn er untersucht nicht anders, als es ein praktischer Arzt auch tun würde.

Einem Psychotherapeuten werden Sie in der MPU mit Sicherheit nicht über den Weg laufen, weil er als „Heiler" dort nicht hingehört. Sie sollen ja nicht in eine Therapie, sondern in eine Untersuchung. Und dafür ist der Psychologe bzw. Fachpsychologe bestens geeignet. Er verfügt über die notwendigen Sachkenntnisse, um das Gespräch mit Ihnen führen und letztendlich zu einer kompetenten Entscheidung kommen zu können.

Am besten, sie sehen Sie es so, dass der Psychologe lediglich jemand ist, der sich mit Menschen besser auskennt, als der „Durchschnittsmensch". Immerhin trifft dieser Umstand auch auf Angehörige anderer Berufe zu. Zum Beispiel Erzieherinnen oder Lehrer, mit denen Sie natürlich auch schon Bekanntschaft gemacht haben.

Von den Amerikanern können wir uns in einer Hinsicht „eine Scheibe abschneiden", denn Sie besitzen eine recht unverkrampfte Einstellung zu ihren „Psychos". Scherzhaft wird ja auch behauptet, jeder Ami hätte seinen eigenen Therapeuten. Warum auch nicht? Schließlich gehen wir bei medizinischen Problemen auch zu unserem Hausarzt. Wieso bei psychischen Belastungen auf Hilfe verzichten? Jedenfalls ist es für die MPU vorteilhaft, sich von den eigenen Vorurteilen zu befreien.

Befürchtungen vor der psychologischen Untersuchung

Sicherheitshalber habe ich mir angewöhnt, meine Klienten nach ihrer Einstellung zu den „Psychos" zu befragen. Interessanterweise tauchen in den Antworten immer wieder drei Befürchtungen auf. Es würde mich eher wundern, wenn nicht mindestens eine davon auch in Ihnen schlummert. Um zu vermeiden, dass es dadurch in der MPU zu negativen Auswirkungen kommt, schauen wir uns die verbreitetesten Befürchtungen genauer an:

1. Befürchtung: „Der will mich doch sowieso nur fertigmachen."
Dieser Gedanke drückt aus, dass der Betroffene den Gutachter als
Feind betrachtet. Wer in diesem Glauben zur MPU geht, ist von vornhe-
rein darauf eingestellt, eine negative Beurteilung zu bekommen. Demzufolge kann mit dieser Haltung kaum die Energie aufgebracht werden,
um den Psychologen von der eigenen positiven Veränderung zu übe-
zeugen.

Aufklärung:
Gutachter der amtlich-anerkannten Untersuchungsstellen sind ausge-
bildete Dipl.-Psychologen und i.d.R. auch Fachpsychologen für Ver-
kehrspsychologie.
Sie werden in ihre Tätigkeit intensiv eingearbeitet und von erfahrenen
Kollegen sowie einem Chef-Psychologen unterstützt. In der Anfangszeit
unterliegen die Gutachten neuer Mitarbeiter sorgfältigen Prüfungen,
bevor sie in die Post gehen. Sollte also wider Erwarten ein neu einge-
stellter Psychologe, aus welchen Gründen auch immer, eine ungewöhnlich hohe Anzahl negativer Gutachten schreiben, würde dies rechtzeitig
auffallen.

Von ungeeigneten Mitarbeitern trennt sich jede Untersuchungsstelle
sicherlich gerne, denn aufgrund der Konkurrenzsituation verschiedener
Anbieter (z.B. TÜV, ABV etc.) will es sich keine leisten, den eigenen Ruf
zu beschädigen.

Außerdem wird der Beruf des Psychologen kaum von Menschen ge-
wählt, die im negativen Sinn Macht über Andere ausleben wollen. Falls
doch, würden sich dazu im Bereich der Psychotherapie wesentlich „in-
teressantere Möglichkeiten" bieten. Warum sollten sich solche schwar-
zen (Berufs-) Schafe damit begnügen, lediglich Macht darüber zu besitzen, ob jemand seinen Führerschein wiederbekommt oder nicht? Das
ergibt keinen Sinn.

2. Befürchtung: "Psychologen sind mir nicht geheuer, weil ich glaube, dass sie meine Gedanken lesen und mich durchschauen können." Zugegeben, eine unangenehme Vorstellung. Wer möchte sich schon in einem Gespräch durchleuchtet und nackt vorkommen? (George Orwell's „Big Brother is watching you" lässt grüßen...)

Nach nur einer Stunde Unterhaltung möchte auch niemand seine Seele ausgebreitet auf dem Tisch liegen sehen. Ähnlich unschön sich auszumalen, wie man sich am Ende der Untersuchung kategorisiert und „in eine Schublade gesteckt" fühlt.

Aufklärung:
Psychologen gehören den wissenschaftlichen Berufen an. Die Arbeit des Gutachters in der MPU besteht darin, Daten aufzunehmen und mit vorhandenen, abgesicherten Daten abzugleichen. Zusätzlich werden sie auf Schlüssigkeit und Nachvollziehbarkeit geprüft. Erfüllt also ein MPU-Kunde die Anforderungen bezüglich der Untersuchungsrichtlinien und erscheint glaubwürdig, kann der Psychologe ein positives Gutachten erstellen. Klingt insgesamt nach einer recht „trockenen" Angelegenheit, oder?

Wenn jedoch ein Betroffener den Gutachter als Esoteriker betrachtet, könnte man die Befürchtungen verstehen. Doch seien Sie beruhigt: Der „Psycho" ist kein Hellseher, Magier oder Schamane. Es ist ihm definitiv nicht möglich, Ihre Gedanken zu lesen.

3. Befürchtung: „Diese Psychologen haben doch selber „Einen an der Waffel."
Falls ein Betroffener tatsächlich meint, der Gutachter könne allein aufgrund seines Berufes psychisch nicht in Ordnung sein, besteht ein echtes Problem. Denn ohne das notwendige Vertrauen in die Fähigkeiten des Gutachters, macht es eigentlich gar keinen Sinn zur MPU zu ge-

hen. Kaum besser wäre die Alternative, die MPU für ein Glücksspiel zu halten, dessen Ausgang von der Tagesform des „wirren" Psychologen abhängig ist.

Aufklärung:
Erinnern wir uns an das schöne Zitat von C.G. Jung: „Zeigen Sie mir einen Gesunden und ich werde ihn heilen."
Lax gesagt bedeutet das: Wir sind alle „nicht ganz dicht." Wieso sollte ein Psychologe eigentlich die Ausnahme bilden? Schließlich reden wir von einem normalen Menschen, nicht von einem „Erleuchteten." Um weitere Klarheit zu schaffen, schauen wir uns das „Undichtigkeitsproblem" etwas genauer an. Die Aussage von Herrn Jung bezog sich <u>nicht</u> auf Psychosen (strukturelle Störungen, wie z.B. Schizophrenie), sondern Neurosen, also funktionelle psychische Störungen beim Menschen. Dazu gehören beispielsweise auch Depressionen oder Zwänge.

Und mal ehrlich, was interessiert es Sie, wenn der Psychologe sich hin und wieder zu Hause „ein Tässchen heult" oder ein anderer die Gardinenfalten mit dem Zollstock misst? Eben, es kann Ihnen egal sein. Sie dürfen dem Gutachter auf jeden Fall zutrauen, dass er seinen Job beherrscht. Dies wird auch dadurch abgesichert, dass Psychologen regelmäßig sogenannte Supervisionssitzungen beanspruchen. In diesen entlasten sie sich bei Kollegen, indem über eigene Sorgen gesprochen wird. Auf diese Weise wird vermieden, dass Psychologen in Konflikte geraten, die für sie selber oder ihre Arbeit nachteilig wären.

Ihr Unterbewusstsein als Risikofaktor im Gutachtergespräch

Eine MPU kann, trotz Vorbereitung auf die Fragen des Psychologen, scheitern. Und zwar in dem Fall, wo Ihre Emotionen in Bezug auf den Gutachter überhandnehmen. Neben spezifischen Charaktereigenschaften kann die Ursache dafür in den Tiefen Ihres Unterbewusstseins liegen. Ich möchte Ihnen anhand einer konstruierten Szene den Hintergrund verdeutlichen:

Stellen Sie sich vor, Sie machen eine Woche Urlaub. An einem schönen Tag möchten Sie die Seele baumeln lassen und kommen auf die Idee, einfach mal in die Stadt zu fahren. Ihr Gedanke ist der, sich gemütlich in einem Straßencafé niederzulassen, um einen Cappuccino zu trinken und die Leute zu beobachten.

Folgendes kann sich abspielen: An manchen Menschen, die Sie anschauen, bleibt Ihr Blick wahrscheinlich länger haften. Und Sie fühlen sich wohl dabei, denn diese Personen erscheinen Ihnen sympathisch. Warum eigentlich, schließlich kennen Sie diese Leute doch gar nicht?

Eine mögliche Ursache hängt mit Ihrem Unterbewusstsein zusammen. Dort befinden sich viele Informationen über Erfahrungen, die Sie irgendwann mit Ihren Mitmenschen gemacht haben. Sie können auf diese Erinnerungen zwar nicht zugreifen, doch vorhanden sind sie trotzdem. So kommt es, dass Sie Empfindungen zu Ihnen früher bekannten Leuten auf Fremde übertragen. Im genannten Fall handelt es sich um positive Gefühle.

Wir kehren in Gedanken noch einmal in das Straßencafé zurück. Dort werden Sie, Ihren Cappuccino schlürfend, bestimmte Menschen gar nicht registrieren. Sie nehmen sie überhaupt nicht wahr. Die Erklärung dafür ist, dass Sie für diese Personen keine Affinität besitzen - sich für sie nicht interessieren.
Schließlich gibt es noch den dritten Fall: Sie sehen einen Unbekannten intensiver an, obwohl Sie sich dabei unwohl fühlen. Ähnlich wie im ersten Fall, projizieren Sie möglicherweise auch in diesen Situationen unangenehme zwischenmenschliche Erfahrungen auf „wildfremde" Personen.

„Riechen Sie den Braten?" In der MPU könnten die beschriebenen Sachverhalte (Fall 1+3) ebenfalls auftreten und sehr störend wirken. Zur Verdeutlichung des Problems stelle ich zwei Beispiel-Situationen (etwas überzogen) dar:

1. Fall: Sie sitzen in der MPU vor einer bildhübschen und sehr charmanten Psychologin. Sie gibt Ihnen den Eindruck, dass alles halb so schlimm sei, und lächelt Sie immer wieder freundlich an. Sie hingegen schauen ihr verträumt in die Augen und entwickeln zunehmend positive Gefühle. Sie denken: „Meine Güte, was für eine tolle Frau. Heute ist mein Glückstag - die MPU wird ein Kinderspiel."

2. Fall: Sie werden in Ihrer Untersuchung von einem unfreundlichen und arrogant wirkenden Psychologen empfangen. Er vermittelt das Bild von sich, das mit ihm „nicht gut Kirschen essen" ist. Dies verstärkt sich, weil er alle 10 Minuten mitteilt, Ihnen nicht zu glauben. Obendrein behauptet er Dinge über Sie, die Sie verärgern. Nach und nach steigert sich Ihr Hass auf den Gutachter. Sie denken: „Verdammt, bei diesem Drecksack habe ich doch nicht den Hauch einer Chance. Besser, ich wäre heute Morgen direkt im Bett geblieben."

In beiden Fällen liegt das gleiche Problem vor: Sie fixieren sich auf den Gutachter und entwickeln darüber Emotionen. Die Folge ist, dass Sie sich auch gedanklich mit ihm beschäftigen und sich dadurch auf Ihr eigentliches Anliegen nicht mehr konzentrieren können.

Mein dringender Rat: Schenken Sie Ihre volle Aufmerksamkeit ausschließlich den Fragen und Antworten sowie Ihrem Ausdruck und Verhalten. Seien Sie dem Psychologen gegenüber freundlich und aufgeschlossen. Aber vermeiden Sie es, Gefühle zu ihm zu entwickeln.

Bedenken Sie: Der Gutachter ist nicht Ihr Freund und er soll es auch nicht werden. Ebenso ist er nicht Ihr Feind und soll auch dies nicht werden. Betrachten Sie ihn neutral - als Mitarbeiter der MPU-Stelle, der lediglich seine Arbeit macht.

Zum Vergleich: Wenn Sie zum Einwohnermeldeamt müssen, um Ihren Pass verlängern zu lassen, denken Sie dann vorab darüber nach, welcher Beamte Sie dort bedient? Nein, denn es geht Ihnen um die Sache an sich, den Pass. In der MPU sollte es nicht anders sein, nur mit dem Unterschied, dass es dort um den Führerschein geht.

Ihr Charakter als Risiko im Gutachtergespräch

Gehören Sie zu der Sorte Mensch, die keinerlei Kritik verträgt? Die spontan „aus der Haut fährt", wenn sie auf eigene Fehler angesprochen werden?

Sie können es drehen und wenden, wie Sie möchten: Die Alkoholfahrt war ein Fehler. Die Umstände, die zu Ihrer Entdeckung führten, spielen dabei keine Rolle. Auch nicht in dem Fall, dass Sie von jemandem angeschwärzt wurden. Dafür haben Sie die Angriffsfläche quasi „frei Haus" geliefert. Wenn Sie sich bis heute über den Denunzianten ärgern, übertragen Sie auf ihn unbewusst die Vorwürfe, die Sie sich eigentlich selber machen. Die dürften in die Richtung gehen, dass es einfach nur dumm war, noch Auto zu fahren und sich dann auch noch von der Polizei erwischen zu lassen.

Es mag verrückt klingen, aber seien Sie froh darüber. Denn hochwahrscheinlich wären Sie immer wieder alkoholisiert gefahren. Studien belegen, dass gerade männliche Trunkenheitsfahrer unentdeckte Fahrten als Erfolg erleben. Dieser Umstand führt in aller Regel zu weiteren Alkoholfahrten. Mit welchen Folgen werden Sie in Ihrem Fall nicht mehr erfahren - glücklicherweise!

Allein durch Glück können Sie jedoch die MPU nicht bestehen. Dazu braucht es Mehr. Die nötige Einsicht gehört auch dazu. Sie ist Grundvoraussetzung für ein positives Gutachten. Warum dies so ist, möchte ich anhand zweier konstruierter Situationen verdeutlichen. Wahrscheinlich erkennen Sie Ähnlichkeiten mit Erfahrungen aus Ihrem Arbeitsleben.

Die Bedeutung von Einsicht

Stellen Sie sich vor, Sie bekommen aus nächster Nähe mit, wie einer Ihrer Arbeitskollegen einen Fehler macht. Sie sprechen ihn umgehend darauf an und erleben eine der folgenden Reaktionen:

- „Wie bitte, das soll meine Schuld sein? Ne, ne, vorhin sah ich unseren lieben Azubi hier rumwurschteln. Nur der kann das gewesen sein. Also bitte, ja?!!"

oder

- „Ach hör bloß auf. In der ganzen Bude hier geht doch alles drunter und drüber. Ein einziges Chaos. Die eine Hand weiß nicht, was die andere tut. Wie soll man denn hier vernünftig arbeiten - in diesem Sch....laden?"

Ist Ihnen etwas aufgefallen? Beide Reaktionen haben eines miteinander gemein: Der Angesprochene gibt den Fehler nicht zu. Beim ersten Beispiel wird die Verantwortung in Richtung einer anderen Person (Azubi) verschoben. Und beim zweiten Beispiel in Richtung Umfeld (Sch....laden).

Unvorbereitete MPU-Betroffene verhalten sich im Gutachtergespräch oft ähnlich. Die mangelnde Einsicht zieht sich in der Regel wie ein roter Faden durch alle wichtigen Themenbereiche: Schilderung des Tattages, Trinkverhalten, Entwicklung des Alkoholkonsums und die Verknüpfung von Trinken und Fahren. Das Ergebnis der uneinsichtigen Haltung ist absehbar: ein negatives Gutachten.

Was erwartet der Psychologe von Ihnen? Wie „funktioniert" von seiner Warte aus der Weg zur Einsicht? Für ihn handelt es sich dabei nicht um einen einfachen Vorgang, sondern eher um einen Prozess. Im optimalen Fall läuft er in folgenden Schritten ab:

- Der Betroffene erkennt sein Handeln als Fehler und zeigt Kritikfähigkeit

- Er übernimmt die volle Verantwortung für das Geschehen

- Der Fehler wird genau betrachtet

- Es folgt die selbstkritische Hinterfragung nach der Ursache - situativ und persönlich

- Falls der Grund nicht erkannt werden kann, Beanspruchung von Unterstützung durch Andere

- Korrektur des Fehlers bzw. Tragen der Konsequenzen mit dem Wunsch nach Wiedergutmachung (z.B. Entschuldigung beim Geschädigten und/oder Akzeptanz einer Bestrafung)

- Nachdenken über die zukünftige Fehlervermeidung verbunden mit dem Willen, Änderungen in der Einstellung bzw. am Verhalten vorzunehmen

Machen wir uns bewusst, dass Aggression als Reaktion auf berechtigte Kritik nur eines zeigt: Der Versuch, von sich und seinen Schwächen abzulenken. Leider verhindert der Betroffene auf diese Weise seine persönliche Entwicklung und sehr wahrscheinlich auch eine positive MPU. Er sollte sich deshalb damit abfinden, nur aus Fehlern lernen zu können, wenn er zu ihnen steht.

Mein Tipp:

> Sollten Sie generell Schwierigkeiten im Bereich der Kritikfähigkeit haben, nutzen Sie die Zeit bis zu Ihrer MPU, um daran zu arbeiten. Dabei ist es hilfreich zu akzeptieren, dass Sie Stärken und Schwächen besitzen. Wenn sich daraus die Erkenntnis entwickelt, aufgrund von Einsicht in Schwäche Stärke zu beweisen, sind Sie auf einem guten Weg – auch in Richtung Menschlichkeit!

7.6 Untersuchungstechniken

Der Gutachter weiß, dass ihm nur begrenzt Zeit zur Verfügung steht. Deshalb geht er klug vor, indem er Befragungsmethoden einsetzt. Keine Sorge, die Verwendung dieser Techniken hat in den letzten Jahren stark nachgelassen. Trotzdem ist es von Vorteil, wenn Sie die Methoden erkennen und damit umgehen können.

Die Wiederholungsfragetechnik

Der Psychologe wiederholt bestimmte Fragen. Er formuliert sie um und stellt sie in anderer Form zu einem späteren Zeitpunkt noch einmal.

Der Hintergrund: Es soll vorkommen, dass MPU-Betroffene dem Psychologen aus strategischen Gründen Lügen auftischen. Für den Gutachter erhöht sich die Chance, durch Wiederholungsfragen die Unwahrheiten aufzudecken. Besonders sinnvoll ist die Methode im Bereich der Fragen zu den Trinkgewohnheiten. Viele Betroffene beantworten ähnliche Fragen nach dem gleichen Umstand tatsächlich unterschiedlich und werden demzufolge als Lügner entlarvt.

Beispiele:

- Frage 1: „Was ist Ihre bisherige Höchsttrinkmenge gewesen?"

- Frage 2: „Wie viel haben Sie getrunken, wenn es aus Ihrer Sicht sehr viel war?"

- Frage 3: „Wie hoch war Ihre maximale Trinkmenge?"

Tipps:

Konzentrieren Sie sich auf das, was der Gutachter sagt, damit Sie die Wiederholungsfragen auch als solche erkennen können. Beantworten Sie Fragen nach dem gleichen Sachverhalt so, wie Sie sie bereits beantwortet haben. Es sei denn, Sie stellen fest, dass Ihre erste Antwort fehlerhaft war. In diesem Fall teilen Sie dem Psychologen mit, die Antwort korrigieren zu müssen.

Zeigen Sie sich von den Wiederholungsfragen nicht genervt, indem Sie den Gutachter darauf hinweisen, dass Sie die Frage bereits beantwortet hatten.

Die Suggestivbefragung

Hierbei handelt es sich um eine beeinflussende Befragungstechnik. Der Psychologe stellt Ihnen eine Frage und legt Ihnen eine meist belasten-de Antwort gleich mit in den Mund.

Der Hintergrund: Ob vor Gericht oder in der MPU, viele Betroffene, die befragt werden, sind nicht ganz ehrlich. Deshalb kommen, vor allem Staatsanwälte, häufig ohne die Suggestivbefragung nicht aus. Aber auch für den MPU-Gutachter ist diese Methode ein wichtiges Werk-zeug, um verborgene Wahrheiten ans Tageslicht zu bringen.

Beispiele:

- Frage 1: „War es nicht in Wirklichkeit so, dass Sie auch tags-über Alkohol konsumiert haben?"

- Frage 2: „Ist es nicht tatsächlich so gewesen, dass Sie auch ei-ne ganze Flasche Schnaps vertragen konnten?"

- Frage 3: „Sicherlich sind Sie doch jedes Wochenende betrunken von der Kneipe nach Hause gefahren, oder etwa nicht?"

Tipps:

Ärgern Sie sich über solche Fragen nicht, auch wenn Sie sie als unverschämt empfinden. Wesentlich konstruktiver ist abzuwägen, ob Sie den Vorwurf einräumen, oder nicht. Falls ja, weil Sie z.B. aufgrund der Aktenlage (Dokumente wie Polizei- und ärztlicher Bericht!) dazu gezwungen sind, sollten Sie sich selbstkritisch zeigen.

Beispiel:

„Ja, leider bin ich in dem letzten halben Jahr vor der Auffälligkeit regelmäßig alkoholisiert gefahren."

In dem Fall, wo Sie den Vorwurf nicht einräumen, sollten Sie nicht nur verneinen, sondern auch argumentieren.

Beispiel:

„Nein, ganz bestimmt nicht. Ich fand es schon immer widerlich, wenn einige Kollegen damit anfingen, mittags Bier zu trinken und mit einer Fahne herumliefen."

Provokation

Glücklicherweise verzichten die meisten Gutachter auf die Verwendung dieser Methode. Trotzdem schauen wir sicherheitshalber genauer hin.

Wenn ein Gutachter sozusagen „Salz in die Wunde streut", ist für ihn die darauf folgende Reaktion interessant. Wie zeigt sich der Betroffene, wenn man ihm mit hässlichen Worten die Wahrheit vor Augen hält?

<u>Der Hintergrund:</u> Vor allem dann, wenn Menschen ihre gemachten Fehler nicht angenommen haben, reagieren Sie empfindlich. Sie regen sich auf und nehmen eine Abwehrhaltung ein.

In der MPU ist die Auswirkung dieser Reaktion fatal. Denn der Psychologe zieht den Schluss, dass der Betroffene bis zu diesem Zeitpunkt nicht in der Lage war, die Verantwortung für das eigene Verhalten zu übernehmen. Demzufolge ist der Grad an Selbstreflektion (Genauer: Einsicht und Kritikfähigkeit) als gering einzuschätzen. Anders gesagt: Der Kunde kennt sich selber kaum und deshalb kann davon ausgegangen werden, dass er nichts dazugelernt hat. Die Wahrscheinlichkeit, dass der Betroffene frühere Fehler wiederholt, ist somit hoch.

1. Beispiel:

„Tja, Herr Müller, wie ich Ihrer Akte entnehmen kann, sind Sie nun schon zum zweiten Mal aufgefallen. Sie sind also wiederholt völlig betrunken in der Gegend herumgefahren. Ist Ihnen eigentlich klar, dass Sie für die Allgemeinheit ein unkalkulierbares Risiko darstellen?"

2. Beispiel:

„So, so, Sie sind also von Beruf LKW-Fahrer. Und am Wochenende lassen Sie die „Sau raus", ja? Da fahren Sie vom Kegeln aus mit über zwei Promille nach Hause. Wer weiß, wie oft Sie auch mit dem Lastwagen besoffen unterwegs sind."

Tipps:

Bewahren Sie auf jeden Fall Ruhe. Beschweren Sie sich nicht über die Art und Weise, wie der Gutachter mit Ihnen umgeht.

Wesentlich sinnvoller ist, mit der Provokation so umzugehen, wie unter der Technik „Suggestivbefragung" beschrieben.

Der Psychologe zeigt sich ungläubig

Wenn ein Betroffener schlecht eingestellt zur MPU geht, bestimmt in der Regel seine Nervosität die Gesprächsatmosphäre. Im Falle eines Kunden, der mit einer frei erfundenen Darstellung auftritt, ist es oft ähnlich. In dem Moment, wo der Gutachter äußert, die entsprechende Antwort nicht zu glauben, bricht für den Betroffenen schnell eine kleine Welt zusammen. Verschärft wird die Situation noch dadurch, dass der Kunde oftmals die (falsche!) Einstellung hat, nämlich der Ausgang der Untersuchung läge ausschließlich in den Händen des Psychologen. Wenn sich dieser dann ungläubig zeigt, meint der Betroffene, die ganze Sache sei nun gelaufen, weil man ihn für einen Lügner hält bzw. als solchen entlarvt hat.

Der Hintergrund: Wer mit reinem Gewissen und einem gesunden Selbstwertgefühl in die MPU geht, kann auf diese Technik gelassen reagieren. Andernfalls gehen die Nerven durch. Das weiß der Psychologe natürlich auch. Mit dieser Methode kann er gleichermaßen an verborgene Informationen kommen, wie mit den bereits beschriebenen Untersuchungsmethoden.

Die einen Betroffenen räumen aus Angst Dinge ein, die tatsächlich anders waren, und glauben dadurch Vorteile zu erzielen. Aber es tritt genau das Gegenteil ein.
Andere Betroffene geben ungeplant Sachverhalte zu, die sie für sich behalten wollten - und „verplappern" sich.

Beispiel:
Gutachter: Wie viel haben Sie eigentlich am Tattag getrunken?"
Kunde: „8 Flaschen Bier a' 0,5 Liter."
Gutachter: „Das kann gar nicht sein. Sie müssen mindestens das Doppelte konsumiert haben, um die festgestellte Promille zu erreichen."

Kunde: „Ja, wenn Sie es sagen, muss es wohl so gewesen sein. Schließlich sind Sie ja der Fachmann hier."

Bemerkung: Diese Aussage ist folgenreich, denn der Betroffene gibt zu, dass er früher sechzehn (!) Flaschen Bier vertragen konnte. Aufgrund dieser Information wird der Psychologe in der Regel auf einer abstinenten Lebensführung bestehen. Falls der Betroffene geplant hatte, die MPU als kontrollierter Trinker zum Erfolg zu führen, steht er plötzlich vor dem Aus. Denn er konsumiert ja immer noch Alkohol, erfüllt dadurch nicht die Voraussetzungen und erhält ein negatives Gutachten.

Tipps:

Bleiben Sie ruhig und überprüfen Sie zunächst die Richtigkeit Ihrer Aussage. Sollte in Ihrer Äußerung ein Fehler enthalten sein, korrigieren Sie ihn z.B. mit folgendem Hinweis: „Entschuldigung, ich bin etwas nervös und habe was durcheinandergebracht. Tatsächlich war der Umstand so, dass...." Daraufhin wird der Gutachter korrekterweise Ihre erste Aussage im PC löschen und durch die richtige Information ersetzen. Damit ist die Sache zu Ihrem Vorteil erledigt.

Sollten Sie sich allerdings sicher sein, dass Ihre Aussage in Ordnung war, bleiben Sie dabei. Wiederholen Sie ruhig noch einmal ein bereits vorgetragenes Argument in einer anderen Formulierung. Oder erklären Sie den Umstand mit einer zusätzlichen Begründung.

Beispiel:

„Herr „Gutachter", es waren tatsächlich acht Flaschen. Das weiß ich deshalb genau, weil meine Gäste alle Pils getrunken haben. Ich hingegen trank Kölsch. Den Kasten hatte ich extra für diesen Abend gekauft. Einen Tag nach der Auffälligkeit zählte ich die Flaschen durch und es befanden sich noch zwölf im Kasten. Und andere Bier- und Alkoholsorten trinke ich grundsätzlich nicht."

Gutachter erzählt vermeintlich private Erlebnisse mit Alkohol

Hierbei handelt es sich um eine Methode, die heutzutage in der MPU nur noch selten Anwendung findet. Stellen Sie sich vor, der Psychologe ändert plötzlich seine Sitzhaltung und erzählt Ihnen mit entspannter Mimik ein privates Erlebnis. Im weiteren Verlauf rückt das Thema „Alkohol" zunehmend in den Mittelpunkt seiner Geschichte. Gekrönt wird das Ganze dadurch, dass er berichtet, selber deutlich angetrunken gewesen zu sein.

Der Hintergrund: Der Gutachter möchte zunächst mit seiner Erzählung Vertrauen schaffen. Wenn er beginnt, den eigenen Alkoholüberkonsum zu thematisieren, achtet er verstärkt darauf, wie Sie mimisch oder auch sprachlich darauf reagieren.

Beispiel:
Eingangs fragt Sie der Gutachter, ob Sie dieses Jahr bereits in Urlaub waren (Anmerkung: Ihre Antwort ist für ihn nur von geringer Bedeutung.)

Der Psychologe erzählt Ihnen, dass er seit zwanzig Jahren zusammen mit seiner Frau Urlaub in der Toskana macht. Im letzten Jahr habe ihm am Tag der Anreise ein freundlicher Nachbar ein paar Flaschen Wein geschenkt. Am Abend wollte er diesen gemeinsam mit Ehefrau auf der Veranda seines Ferienhauses probieren. Doch leider hatte seine „bessere Hälfte" mal wieder ihre Migräne, so dass er kurze Zeit später allein dort saß. Immerhin sei aber der Wein sehr lecker gewesen, erzählt er weiter.

Am nächsten Morgen habe er allerdings starke Kopfschmerzen bei sich festgestellt. Deshalb sei er raus auf die Veranda, um nachzuschauen, wie viel er am Vorabend getrunken hat. Und mit Erschrecken stellte er fest, dass es drei Flaschen Wein waren.

Tipps:

> Bedenken Sie, warum Sie in der MPU sitzen: wegen Ihres früheren über-höhten Alkoholkonsums. Und was meinen Sie, wie der Gutachter vor die-sem Hintergrund über Sie denkt, wenn Sie über seine Story lachen? Oder witzige Kommentare mit anerkennendem Charakter abgeben: z.B. „Sie können aber auch einen Stiefel vertragen, ha ha ha?" Er interpretiert es so, dass Ihnen immer noch die nötige Ernsthaftigkeit in Bezug auf Alkohol fehlt. Darüber hinaus geht er sehr wahrscheinlich davon aus, dass Sie sich vorstellen können, selber auch wieder hohe Mengen zu trinken.

Sollte Sie der Psychologe danach fragen, wie Sie sein Trinkverhalten bewerten, wäre eine mögliche Antwort: „Entschuldigen Sie, ich möchte nichts dazu sagen, da es sich um Ihre Privatsache handelt."

Falls er daraufhin abfragt, was Sie im Allgemeinen davon halten, wenn jemand drei Flaschen Wein trinkt, wäre beispielsweise folgende Antwort angemessen: „Aufgrund meines früheren negativen Umgangs mit Alko-hol muss ich jedem dringend abraten, solch hohe Mengen zu konsu-mieren.

7.7 Wahrheit und Lüge in der MPU

Wer sich auf die MPU nicht vorbereiten lässt, hat vorab eine wichtige, aber auch einsame Entscheidung zu treffen: „Was soll ich dem Psycho-logen eigentlich erzählen? Die ganze Wahrheit, eine Mischung aus Wahrheit und Unwahrheit oder lieber „das Blaue vom Himmel herunter lügen?"

Die meisten meiner Klienten beantworteten mir die Frage in dem Sinn, dass sie sich entweder für die volle Wahrheit oder für die Mischung mit der Unwahrheit entschieden hätten. Wie ist es mit Ihnen? Ich gehe jedenfalls davon aus, dass Sie auch eine der beiden genannten Lösungen wählen würden. Wegen der hohen Bedeutung des Themas schauen wir uns den Grund dafür genauer an.

Was motiviert Betroffene, in der MPU die reine Wahrheit vorzutragen?

1. **Motivation:** Weil sie meinen, dies würde mit einem positiven Gutachten belohnt.

Anmerkung: Der Gedanke ist genauso richtig wie auch falsch. Hier muss unterschieden werden:

- Für den abstinent lebenden Alkoholiker, der laut Untersuchungsrichtlinien alle Voraussetzungen für ein positives Gutachten erfüllt, ist die Wahrheit empfehlenswert. Er kann schonungslos offen erzählen und auch unschöne Details aus seiner Vergangenheit preisgeben.

- Aber für andere Betroffene kann der „Schuss (der Ehrlichkeit) auch nach hinten losgehen." Trotz der Erfüllung aller Forderungen einer MPU-Stelle kann eine allzu offene Aussage letztendlich doch noch zu einer negativen Beurteilung führen.

2. **Motivation:** Weil Betroffene in ihrem Leben schlechte Erfahrungen mit dem Lügen gemacht haben.

Anmerkung: Dies ist völlig verständlich. Es ist sogar wissenschaftlich nachgewiesen, dass Menschen nicht zum Lügen geboren sind. Wer also des Öfteren beim „Schummeln" erwischt wurde und deshalb weiß, dass er kein Talent dafür besitzt, sollte in der MPU auf jeden Fall bei der Wahrheit bleiben.

3. **Motivation:** Mancher MPU-Kunde bekommt bei dem Gedanken die Unwahrheit zu erzählen ein schlechtes Gewissen. Er glaubt, der Gutachter sei ein absolut ehrlicher Mensch, den man deshalb auch nicht belügen sollte.

Anmerkung: Wissenschaftler gehen nach Untersuchungen davon aus, dass alle Menschen in Deutschland jeden Tag mehrere Male lügen. Gemeint sind damit die typischen „Alltagslügen". Dazu zwei kleine Beispiele:

- Sie grüßen einen ungeliebten Kollegen mit „Guten Morgen", obwohl Sie ihm in Wirklichkeit etwas ganz anderes wünschen.

- Sie sind privat zum Essen eingeladen und die Gastgeberin erkundigt sich, ob es Ihnen geschmeckt hat. Sie antworten: „Oh ja, es war sehr lecker, danke." 5 Minuten vorher dachten Sie allerdings: „Das Essen ist eine Zumutung - völlig zerkocht und obendrein auch noch versalzen - ekelhaft."

Glauben Sie, dass sich der Psychologe in der MPU-Stelle von der Masse der Menschen unterscheidet und immer die Wahrheit sagt? Dies ist unwahrscheinlich, denn auch er will persönliche Nachteile im Alltag vermeiden. Und nicht nur da, sondern auch im Berufs- und Privatleben!

Bitte glauben Sie jetzt nicht, dass ich Sie zum Lügen animieren möchte. Jedoch halte ich es für wichtig, das Thema „Wahrheit und Lüge" sorgfältig zu betrachten. Aus diesem Grund sehen wir uns noch einen weiteren Ansatz an.

Der Umgang mit verschiedenen Formen der Wahrheit

Um welche Wahrheit geht es eigentlich in der MPU? Dreht sich in diesem Bezug alles nur um die objektive, also bekannte Wahrheit aus der Akte wie z.B. Infos zum Tattag oder Vorgutachten? Nein, denn es geht auch um Ihre persönliche Wahrheit. Die wiederum ist zu unterscheiden in:

- Objektive, aber dem Gutachter nicht bekannte Wahrheit (z.B. Erlebnisse mit Alkohol und Drogen)

und

- Subjektive Wahrheit, also Erkenntnisse, die sich aus Ihren Meinungen und Empfindungen zusammensetzen - im weiteren Sinne Ihre Verhaltensweisen, Einstellungen und charakterlichen Eigenschaften.

Die Entscheidung, welche Aspekte Ihrer subjektiven Wahrheit Sie in der MPU vortragen, liegt weitestgehend bei Ihnen. Ausnahmen beziehen sich auf Sachverhalte, die der Psychologe aus der Akte ableiten kann. Wenn Sie beispielsweise der Polizei am Tattag erzählt haben, Sie hätten acht Flaschen Bier konsumiert, ist offensichtlich, dass Ihnen zu diesem Zeitpunkt Bier geschmeckt hat.

Ob Sie allerdings dem Gutachter erzählen sollten, noch lieber Whisky zu trinken und Sie es „schaffen konnten", damals nach Ihrer Abschlussprüfung eine ganze Flasche zu vertilgen, wäre noch zu überlegen.

Wie können Sie vorgehen? Je mehr Sie als Betroffener über sich wissen, desto mehr Wahrheit haben Sie dem Gutachter im Gespräch anzubieten. Alles, was Sie sich vor der MPU im Bereich Selbstreflexion zusätzlich erarbeiten, verändert das Mengenverhältnis von Wahrheit und Lüge zum Positiven.
Kurzum: Sie kommen weitestgehend oder sogar gänzlich ohne Unwahrheiten zurecht.

Abschließen möchte ich das Thema mit einer zugegeben schlimmen, frei erfundenen Geschichte. Sie soll verdeutlichen, wie sinnlos oder auch schädlich es manchmal ist, in besonderen Stimmungen und Situationen allzu freizügig mit der subjektiven Wahrheit umzugehen.

Mögliche Folgen des sorglosen Umgangs mit der eigenen Wahrheit

Stellen Sie sich vor, Sie wachen eines Morgens auf und haben ein richtig gutes Gefühl für den gerade begonnenen Tag. Sie frühstücken in bester Laune und verlassen erwartungsfroh das Haus. Allerdings begegnen Sie draußen einem Nachbarn, den Sie regelrecht verabscheuen. Er kommt mit betrübter Mine auf Sie zu und sagt: „Es ist mir etwas unangenehm Sie anzusprechen. Ich bin in Not und wollte Sie fragen, ob Sie mir für eine Woche fünfzig Euro leihen könnten."

Weil Sie in bester Stimmung sind, sagen Sie: „Na gut. Bis wann bekomme ich das Geld zurück?" Der Nachbar antwortet: „Spätestens am nächsten Freitag bis 20.00 Uhr." Sie stimmen zu und verabschieden sich, um zur Arbeit zu fahren. Auch dort klappt alles hervorragend. Abends gehen Sie mit Ihrer Partnerin in ein gemütliches Restaurant und bleiben bis zum Schlafengehen in bester Laune.

Eine Woche später. Sie wachen nach einem beunruhigenden Traum auf und spüren sofort, dass der Tag einige unangenehme Überraschungen mit sich bringen könnte. Bereits am Frühstückstisch passieren einige Missgeschicke, was nicht zur Verbesserung Ihrer Stimmung beiträgt. Und so geht es dann weiter. Sie landen im Stau, bekommen Ärger mit dem Vorgesetzten und geraten abends wegen einer Lappalie mit Ihrer Partnerin in Streit. Als ob das nicht schon genug wäre, fischen Sie auch noch eine gesalzene Rechnung aus dem Briefkasten.

Kurz vor Beginn der Tagesschau fallen Ihnen der Nachbar und die verliehenen fünfzig Euro ein. Sie merken, wie langsam die Wut in Ihnen hochsteigt und beschließen, sich sofort Ihr Geld wiederzuholen. Voller Zorn verlassen Sie Ihre Wohnung und gehen in großen Schritten rüber zum Nachbarn.

Sie klingeln, aber es tut sich nichts, bis Sie feststellen, dass die Eingangstüre lediglich angelehnt ist. Sie entscheiden hinein zu gehen, treten im Flur in irgendetwas Klebriges und bewegen sich im schummrigen Licht weiter in Richtung Wohnzimmer. Währenddessen rufen Sie immer wieder den Namen des Nachbarn. Dann schauen Sie rüber zur Küche und entdecken dort den Hausherrn, der auf dem Fußboden in einer großen Blutlache liegt. Sie betreten den Raum, knien sich neben dem Nachbarn hin und beugen sich über ihn. Dabei sprechen Sie ihn mehrfach an, erhalten jedoch kein Lebenszeichen. Sie ahnen nichts Gutes und fassen deshalb an seinen Hals, um den Puls zu tasten.

Genau in diesem Moment betritt ein Bekannter des Nachbarn das Zimmer und findet Sie in der ungewöhnlichen Situation vor. Weil der Besucher vom Schlimmsten ausgeht, ruft er per Handy sofort die Polizei. Sie hingegen versuchen, ihm die Lage zu erklären. Doch anstatt Sie anzuhören, fällt er über Sie her und hält Sie fest, bis die Kripo eintrifft. Sie werden unter dem Verdacht des Totschlags in U-Haft genommen und verstehen die Welt nicht mehr. Der ganze Tag war eine einzige Katastrophe und zum krönenden Abschluss geraten Sie wegen dieses verhassten Nachbarn auch noch in Polizeigewahrsam.

Jedenfalls sind Sie stinksauer und verweigern jegliche Aussage. Stattdessen weisen Sie die Beamten lautstark auf das Recht hin, Ihren Anwalt anrufen zu dürfen. Gesagt - getan. Und glücklicherweise erreichen Sie Ihren Rechtsanwalt, der seinen baldigen Besuch ankündigt. Nach seinem Eintreffen stellt er Ihnen ein paar Fragen zur Sache. Er will natürlich wissen, in welcher Beziehung Sie zum Opfer standen, warum Sie in dessen Haus waren usw.

Entsprechend aufgewühlt sagen Sie zu ihm: „Dieser verdammte Mistkerl, wegen dem sitze ich jetzt im Knast. Ich werde denen hier und allen, die es wissen wollen, erzählen, was das für eine miese Type war. Regelmäßig hat er seine Frau verprügelt, war in krumme Geschäfte verwickelt und randalierte nachts herum. Außerdem..."

„Ruhig, ruhig, sagt der Anwalt. Das muss, außer mir, wirklich niemand wissen. Sie wollen sich doch nicht in ein falsches Licht rücken, oder?"
Sie antworten: „Wie bitte, das ist doch wohl nicht Ihr Ernst? Ich habe diesem Soziopathen Geld geliehen, es nicht zurück bekommen, sitze unschuldig im Bau und soll nun jedes Wort auf die Goldwaage legen? Von wegen, der hat es doch gar nicht besser verdient, als sich jetzt die „Radieschen von unten anzugucken."
Der Anwalt daraufhin: „Hören Sie, ich habe den Eindruck, dass Sie nicht verstehen, in welcher Situation Sie sich befinden. Es gibt nämlich mittlerweile eine Reihe von Indizien, die Sie belasten."

„Da gibt es von einem Nachbarn die Aussage, es gäbe das Gerücht, Sie hätten vor ungefähr einem Jahr eine Affäre mit der Frau des Getöteten gehabt. Und dummerweise hat man sie beide vergangene Woche im Supermarkt gesehen - in einem sehr vertraulich wirkenden Gespräch. Dem Zeugen fiel übrigens noch ein deutlicher Bluterguss im Gesicht der Dame auf."

„Ein weiterer Nachbar hat Sie vorhin mit wütender Miene zum Haus des Opfers gehen sehen, in das Sie sich offenbar unbefugt Zutritt verschafft haben. Und das ist noch nicht alles. Richtig spannend wird's erst jetzt. Die Kripo hat den Schuhabdruck in einer Blutlache im Haus des Ermordeten sichergestellt. Raten Sie mal, wem die Schuhe gehören? Darüber hinaus wurde auf der Leiche eines Ihrer Kopfhaare gefunden. Hinzu kommt noch der Zeuge, der Sie am Tatort festgehalten hat. Na ja, jedenfalls gibt es bis jetzt außer Ihnen keinen anderen Verdächtigen. Ganz ehrlich? Es sieht nicht gut für Sie aus. Wenn Sie obendrein derart sorglos mit Ihren persönlichen negativen Meinungen über das Opfer umgehen, zieht sich die Schlinge um Ihren Hals noch weiter zu."

„Sie sehen, es gibt Einiges, was gegen Sie spricht. Trotz alledem hoe ich Sie aus der Sache raus. Dies funktioniert allerdings nur, wern Sie auf mich hören. Sollten Sie jedoch bei Ihrer Einstellung bleiben und im Verhör mit den Beamten oder gar vor Gericht Ihre **subjektive Wahrheit** zum Besten geben, warten hochwahrscheinlich 6-8 Jahre Gefängnis auf Sie. Entscheiden Sie sich!"

Lieber Leser, was würden Sie tun? Ich denke, dem Rat des Anwalts folgen, oder?! Für Ihre MPU-Vorbereitung rückt jedenfalls an die Stelle des Rechtsanwalts Ihr Berater bzw. das vor Ihnen liegende Buch.
Bevor wir uns den konkreteren Informationen nähern, die Sie in Ihrer Untersuchung dem Psychologen vermitteln werden, untenstehend ein paar Beispiele subjektiver Wahrheiten, die in einer MPU nachteilig sind:

- „Man wird sich ja wohl mal „Einen trinken" dürfen."

- „Es ist völlig in Ordnung, hin und wieder mit den Jungs zum Ballermann zu fahren, um eine Woche lang mal richtig die Sau raus zu lassen."

- „Wer nur wenig Alkohol verträgt, ist kein richtiger Mann."

- „In unserer Region werden eben viele Feste gefeiert, da gehört der Alkohol dazu. Das war schon immer so und daran wird sich auch nichts ändern – auch nicht für mich."

- „Wenn der FC dieses Jahr Meister wird, dann werde ich das bestimmt nicht mit einem Glas Milch feiern."

- „Meine Alkoholfahrt war nicht der Knaller. Das sehe ich ja ein und ganz bestimmt wird es nicht wieder passieren. Aber wieso sollte ich deshalb weniger trinken? Nein, das sehe ich nicht ein und ich lasse mich auch nicht dazu zwingen."

7.8 Aspekte Ihrer Darstellung

Für Ihre MPU benötigen Sie einen Plan oder anders ausgedrückt - eine Strategie. Um sie zu erarbeiten, müssen die Informationen zu folgenden Themen vorliegen:

1. **Inhalt Ihrer Fahrerakte** Insbesondere ist den Vorgutachten (positive und negative Gutachten) Beachtung zu schenken. = objektive Fakten = i.d.R. unveränderbare Informationen.

2. **Daten aus den Kapiteln 2-5** über Ihr früheres und jetziges Trinkverhalten = persönliche Fakten und subjektive Sicht = (z.T.) veränderbare Informationen.

3. Wissen über die **Entwicklung Ihrer Trinkgewohnheiten** (siehe auch die Kapitel 3-5) = persönliche Fakten und subjektive Sicht = (z.T.) veränderbare Informationen.

4. **Informationen aus Ihrem Lebenslauf** (inkl. Charaktereigenschaften), die Sie sich durch die Kapitel 3 und 4 (!) herausgearbeitet haben = persönliche Fakten u. subjektive Sichtweisen = (z.T.) veränderbare Informationen.

Um den Aufbau einer individuellen Strategie mit entsprechenden Lösungen zu verdeutlichen, nachfolgend drei Beispiele für häufig vorkommende Fälle:

A: Wiederholungstäter mit niedrigeren Promillen (< 0,8)
B: Ersttäter mit hoher Promille > 1,6
C: Ersttäter oder Wiederholungstäter mit sehr hoher Promille > 2,5

Beispiel-Strategie für **Fall A**

1. Fahrerakte - Inhalt:

- 2 Bußgeldbescheide denen zu entnehmen ist, dass die Uhrzeiten der Auffälligkeiten zwischen 00.30 Uhr und 01.30 Uhr lagen.

- Keine Vorgutachten in der Akte oder Eintragungen im Verkehrszentralregister

2. Trinkverhalten:

- früher (bis zur zweiten Auffälligkeit): Darstellung der Trinkanlässe, z.B. Feierlichkeit, Geselligkeit oder Restaurantbesuch

- Häufigkeit der Trinkanlässe: z.B. 4 x monatlich

- Höhe der Trinkmengen: z.B. max. 10-12 Gläser Bier 0,2 Liter

Lösung: Reduktion der Trinkmengen

3. Entwicklung der Trinkgewohnheiten:

- Äußerer Auslöser: z.B. Veränderungen im Umfeld > Trinken mit den neuen Kollegen

Lösung: Kollegen zum gemeinsamen Sport animieren

- Innerer Auslöser: z.B. Anpassung, um Anerkennung zu erreichen und/oder Harmonie zu erzeugen.

Lösung: Erzielen höherer Akzeptanz durch eigenes Engagement, evtl. Inanspruchnahme von Coaching. Änderung im Bereich der Einstellung (z.B. durch Gespräche mit einem Freund) in dem Sinn, der Verantwortung für Andere (Mitarbeiter wie auch Verkehrsteilnehmer) auf dem eigenen Karriereweg mehr Gewicht zu geben.

- Funktion des Alkohols: Entspannung, z.B. wegen innerem Druck und Nervosität

Lösung: Seminare zur Stressbewältigung, autogenes Training, regelmäßiger Besuch von Massagepraxis und Sauna

4. Lebenslauf:

- z.B. konservative Erziehung durch den Vater

- z.B. 4 Jahre freiwillig bei der Bundeswehr gedient

- z.B. In der Schule und im Studium hervorragende Leistungen erbracht

- z.B. stringente Karriere

Charakter: zuverlässig, ordnungsliebend und zielstrebig

Beispiel-Strategie für **Fall B**

1. Fahrerakte-Inhalt:

- Ein Strafbefehl, dem zu entnehmen ist, dass die Trunkenheitsfahrt um 01.45 Uhr begangen wurde

- Bei der Blutabnahme wurden um 02.15 Uhr 1,78 Promille festgestellt

- Im Polizeibericht steht, der Betroffene habe ausgesagt, am Vorabend ab 19.00 Uhr in einer Gaststätte eine unbekannte Menge Bier konsumiert zu haben

- Im ärztlichen Bericht ist die Information enthalten, der Fahrer hätte bei der Blutentnahme äußerlich den Eindruck gemacht, deutlich unter Alkoholeinfluss zu stehen. Zum Thema „Letzte Nahrungsaufnahme" ist zu lesen, dass um 18.30 Uhr Pommes und Currywurst gegessen wurden

- Keine Vorgutachten oder Eintragungen im Verkehrszentralregister

2. Trinkverhalten:

- früher: Darstellung der Trinkanlässe, z.B. Feierlichkeit, Geselligkeit, Gaststätte und Kegelclub

- Häufigkeit der Trinkanlässe: z.B. 7-8 x monatlich

- Höhe der Trinkmengen: z.B. max. 10 Flaschen Bier 0,5 Liter

Lösung: Reduktion der Trinkmengen, Austritt aus dem Kegelclub und keine Gaststättenbesuche mehr

3. Entwicklung der Trinkgewohnheiten:

- <u>Äußerer Auslöser:</u> z.B. Nach dem Umzug in eine andere Stadt in Gaststätten gegangen, um neue Bekannte und Freunde zu finden

Lösung: z.B. Vom bisherigen Umfeld lösen und neue Bekannte durch eigenes Hobby finden – zum Beispiel durch das Internet

- <u>Innerer Auslöser:</u> z.B. Beeinflussbarkeit

Lösung: z.B. Steigerung des Selbstwertgefühls durch berufliche Weiterbildung oder verstärktes familiäres Engagement und Annahme der eigenen Person. Eventuell weitere Entwicklung der Persönlichkeit durch: Therapie, Literatur oder Belegung entsprechender Kurse (z.B. VHS).

- <u>Funktion des Alkohols:</u> Entlastung, um Unzufriedenheit zu verdrängen

Lösung: Mit Vertrauenspersonen über die eigenen Sorgen sprechen, um sich dadurch zu entlasten

4. Lebenslauf:

- z.B. strenger Vater

- z.B. depressive Mutter

- Falsche Berufswahl > Unzufriedenheit im Job

<u>Charakter:</u> gutmütig, hilfsbereit und unsicher in Entscheidungen

<u>Beispiel-Strategie für **Fall C**</u>

1. Fahrerakte-Inhalt:

- Ein acht Jahre alter Strafbefehl wegen fahrlässiger Trunkenheit. Die Höhe der damals festgestellten Promille: 1,83

- Der Führerschein wurde entzogen und eine MPU angeordnet

- Nach positiver MPU wurde der Führerschein wiedererteilt

- In dem Gutachten steht, der Betroffene hat regelmäßig Streit mit seiner Ehefrau gehabt. Mittlerweile habe man sich versöhnt.

- Ein weiterer Strafbefehl wegen vorsätzlicher Trunkenheit, dessen Ausstelldatum vier Jahre zurückliegt. Höhe der Promille: 2,04

- Die Fahrerlaubnis wurde entzogen und eine MPU angeordnet

- Der Betroffene erhielt aufgrund der Empfehlung des Gutachters die Auflage, einen vierwöchigen Kurs für alkoholauffällige Kraftfahrer zu belegen. Nach Vorlage der Kursbescheinigung erfolgte die Wiedererteilung der Fahrerlaubnis

- Im Gutachten mit Kursempfehlung wurde vermerkt, der Betroffene hätte Probleme damit gehabt, die Scheidung von seiner Frau zu verkraften. Durch den Zusammenhalt in der übrigen Familie sei davon auszugehen, dass er die Trennung überwinden wird.

- Gegen den dritten Strafbefehl, wiederum wegen vorsätzlicher Trunkenheit, wurde ein Widerspruch durch den beauftragten Verteidiger eingelegt. Es kam zur Gerichtsverhandlung, in der das Strafmaß um eineinhalb Monate verkürzt wurde, allerdings der Vorwurf des Vorsatzes bestehen blieb. Die Höhe der Promille in diesem Fall: 2.78

- Dem Polizeibericht ist zu entnehmen, dass der Fahrer äußerlich ungepflegt wirkte und die Beamten beleidigte

- Im ärztlichen Bericht wurde vermerkt, die Alkoholisierung sei dem Betroffenen lediglich leicht bis deutlich anzumerken gewesen.

2. Trinkverhalten:

- früher: Darstellung der Trinkanlässe, z.B. Feierlichkeit, Geselligkeit, Gaststätte oder Konsum zuhause

- Häufigkeit der Trinkanlässe: z.B. 10 x monatlich bis täglich

- Höhe der Trinkmengen: z.B. 10 Flaschen Bier 0,5 Liter und mehrere Schnäpse

Lösung: Einleitung der Abstinenz unter Absprache mit dem Hausarzt, evtl. klinische Entgiftung mit anschließenden unterstützenden Maßnahmen wie Therapie, Suchtberatung und Selbsthilfegruppe, Abkehr vom bisherigen trinkenden Umfeld

3. Entwicklung der Trinkgewohnheiten:

- Äußerer Auslöser: z.B. berufliche Misserfolge und anschließende Arbeitslosigkeit. Zusammenbruch der Hausfinanzierung mit Versteigerung als Folge. Trennung durch die Ehefrau

Lösung: Berufliche und private Neuorientierung

- Innerer Auslöser: z.B. zunehmende Probleme im Bereich des Selbstwertgefühls bis hin zur Depression

Lösung: Therapeutische Aufarbeitung der Geschehnisse und fachliche Intervention in Bezug auf die Depressionen.
Stärkung des Selbstwertgefühls sowie Annahme der eigenen Person. Eventuell weitere Entwicklung der Persönlichkeit durch: Therapie, Literatur oder Belegung entsprechender Kurse (z.B. VHS).

- Funktion des Alkohols: Entlastung, um negative Gefühle und Ereignisse zu verdrängen

Lösung: Mit Vertrauenspersonen über die eigenen Emotionen und Sorgen sprechen

4. Lebenslauf:

- z.B. trinkender Vater
- z.B. gefühlskalte Mutter
- Mutlosigkeit im Job > Opfer von Mobbing am Arbeitsplatz

Charakter: labil und sensibel mit der Neigung, eine Opferhaltung einzunehmen

7.9   Der „Königsweg" in der MPU unter dem Aspekt der Zeit

Wie Sie wissen, stellt Ihnen der Psychologe in der MPU eine Frage nach der anderen. Worauf beziehen sich diese Fragen in zeitlicher Hinsicht? Natürlich auf Ihre Vergangenheit, Gegenwart und Zukunft. Bei der Bearbeitung Ihrer persönlichen Strategie sollten Sie folgende Informationen beachten:

Die Vergangenheit

Aus Gutachtersicht muss die Vergangenheit negativ zu bewertende Aspekte beinhalten:

- Ihr früheres Trinkverhalten

- Nutzung bzw. Missbrauch des Alkohols als „Problemlöser"

- Individuell problematische Einstellungen oder Verhaltensweisen in schwierigen Lebenssituationen

- Die Koppelung von „Trinken und Fahren", die ebenfalls mit problematischen Einstellungen oder fehlendem Bewusstsein bzw. mangelndem Wissen zusammenhängen musste

Lösung: Sie können zwar diese Teile Ihrer Vergangenheit nicht rückgängig machen, sich aber trotzdem Vorteile verschaffen, indem Sie sich in diesen kritischen Bereichen einsichtig und selbstkritisch zeigen!

Typische Fehler, die unvorbereitete Betroffene häufig machen

- Verniedlichung des damaligen Alkoholkonsums: „Nach dem tollen Sieg unserer Mannschaft haben wir halt ein paar Bierchen gekippt."

- Ausnahmeverhalten darstellen: „Das war aber auch ein Tag -

ein Unglück jagte das andere. So viel habe ich jedenfalls in meinem Leben noch nie getrunken."

- Schuldverschiebung in Richtung anderer Personen: „Hätte mein Nachbar mich nicht auch noch zum Schnaps überredet, wäre ich bestimmt nicht mehr gefahren."

- Schuldverschiebung in Richtung der Situation: „Man müsste die Taxizentrale zur Verantwortung ziehen, weil der bestellte Wagen nicht kam."

- Einnehmen einer Opferhaltung in Verbindung mit plumper Vertraulichkeit in Richtung des Gutachters: „Stellen Sie sich mal vor, Sie kommen nach einem harten Arbeitstag nach Hause und überraschen Ihre Frau mit einem Anderen im Ehebett. Sicherlich hätten Sie dann auch einen über den Durst getrunken."

Die Gegenwart

Damit der Psychologe bedenkenlos eine günstige Bewertung schreiben kann, sollte sich in Ihrem Leben einiges zum Positiven geändert haben. Neben Ihrem Trinkverhalten vor allem in den wichtigen Lebensbereichen: Partnerschaft, Beruf, Freundschaft, Familie und Gesundheit.

Lösung: Sprechen Sie in der MPU über Ihre gefundenen Problemlösungen und erklären Sie dem Psychologen, wie Sie auf diese gekommen sind. Bedenken Sie aber, „den Bogen nicht zu überspannen". Denn je umfangreicher Sie Vorteile durch den verringerten Alkoholkonsum darstellen, desto größer müssen vorher die Nachteile aufgrund des Alkoholmissbrauchs gewesen sein.

Die Zukunft

Wir Menschen sind in einer Hinsicht alle gleich: Wenn wir einmal mit unserem Leben zufrieden sind, wollen wir unbedingt, dass es so bleibt! Im Umkehrschluss bedeutet dies: Wir wollen die alten Probleme nicht wieder präsentiert bekommen.

Lösung: Schildern Sie dem Gutachter schlüssig und nachvollziehbar Ihren persönlichen Veränderungsprozess. Der Psychologe muss verstehen können, wodurch Sie eine höhere Zufriedenheit erreicht haben. Wenn Sie ihm klarmachen, dass neue Einstellungen und Verhaltensweisen eine maßgebliche Rolle spielen, wird er davon ausgehen, dass Sie den eingeschlagenen Weg weitergehen.

Tipp:

Hüten Sie sich vor „Lippenbekenntnissen". Der Psychologe wird sie negativ bewerten. Beispiele:

- „Ich weiß, dass ich damals zu viel getrunken habe. Ich verspreche Ihnen, dass so etwas nicht wieder vorkommt."

- „Ja sicher, hin und wieder bin unter Alkoholeinfluss gefahren. In Zukunft passiert mir das aber bestimmt nicht mehr."

7.10 Fragen und Antworten in der MPU

Wir sehen uns nun den Bereich der MPU an, vor dem sich die meisten Betroffenen fürchten: die Fragen des Psychologen. Zum besseren Verständnis sind mögliche Antworten angegeben.

Im Gegensatz zu einer persönlichen Beratung, in der ich mich auf den individuellen Fall konzentrieren kann, musste ich hier zu einer anderen Lösung finden. Die Entscheidung ist mir nicht unbedingt leicht gefallen. Nach langem Überlegen habe ich mich entschlossen, die Aufmerksamkeit bei den Beispiel-Antworten auf die <u>zwei häufigsten Fälle</u> zu richten:

1. Fall: Der Ersttäter mit einer Promille zwischen ca. 1,3 (nur in Verbindung zu einer unüblichen Tatzeit relevant) und ca. 2,2 <u>bzw.</u> im weiteren Sinn Wiederholungstäter, die bei der ersten Auffälligkeit mit einer Promille zwischen ca. 1,6 und 2,2 aufgefallen sind und bei der zweiten Auffälligkeit eine Promille im Bereich der Ordnungswidrigkeit erreichten (< 1,1). Die angegebenen Antworten beziehen sich in erster Linie auf die letzte Auffälligkeit.

Mögliche Strategie für die MPU:

- In einem überschaubaren Zeitraum ist Alkoholmissbrauch betrieben worden. Nach der ersten Alkoholfahrt wurden die Trinkmengen reduziert. Nach der zweiten Auffälligkeit ist der Betroffene zum normalen Trinken zurückgekehrt.

2. Fall: Der Ersttäter mit einer Promille von über 2 bzw. im weiteren Sinn der Wiederholungstäter mit jeweils hoher Promille (ab ca. 1,6) bei allen Auffälligkeiten. Die angegebenen Antworten beziehen sich in erster Linie auf die letzte Auffälligkeit.

Mögliche bzw. notwendige Strategie für die MPU:

- Über einen längeren Zeitraum ist Alkoholmissbrauch betrieben worden, der zu einem Kontrollverlust geführt hat. Daraus ergab sich die Diagnose einer abstinenzbedürftigen Alkoholproblematik.

oder

- Es liegt die Diagnose einer Alkoholerkrankung vor, die eine Abstinenz ebenfalls erforderlich macht.

Erläuterungen zu den Fragen:

- Der Hintergrund der jeweiligen Frage wird erklärt

- Alle Fragen sind thematisch unterteilt

Hinweise:

Es sollte klar sein, dass Gutachter die Fragen so formulieren, wie es ihnen beliebt. Daraus entstehen Abweichungen zu den hier beschriebenen Fragen.

Ich erhebe keinen Anspruch darauf, hier vollständig alle Fragen zu behandeln, die in Ihrer MPU gestellt werden.

Erläuterungen zu den Antworten:

- Sie erhalten für die Beantwortung jeweils vorteilhafte Hinweise. Diese beruhen eher auf meinen Erfahrungen als auf wissenschaftlicher Grundlage.

- Es wird zu einigen Fragen keine Beispiel-Antwort gegeben, weil es aufgrund des individuellen Sachverhalts nicht sinnvoll ist.

- Alle Antworten sind lediglich Beispiele und nicht als Richtschnur für den Leser zu verstehen.

- Die Antworten sind in die beiden genannten Fälle unterteilt und wie folgt bezeichnet:

- **Fall 1** = Betroffener tritt in der MPU als Normaltrinker auf

oder

- **Fall 2** = Der Betroffene geht als Abstinenzler in die Untersuchung

Hinweise:

Es ist sinnvoll, wenn Sie sich in erster Linie auf die Antworten konzentrieren, die zu Ihrer persönlichen Strategie passen.

Machen Sie sich bei jeder Frage Notizen zu Ihrer Antwort.

Fragen zum Tattag

1. Frage: Wie ist es zu der Trunkenheitsfahrt gekommen?

<u>Sinn der Frage:</u>

- Den Gutachter interessiert, welche Umstände zu Ihrer Tat geführt haben (z.b. Ort des Trinkens und persönliches Umfeld).

- An der Art und Weise Ihrer Äußerungen kann der Psychologe erkennen, in welchem Ausmaß Ihr Schuldbewusstsein ausgeprägt ist.

<u>Hinweise für eine vorteilhafte Beantwortung:</u>

- Selbstkritische, einsichtige Berichterstattung, aus der zu erkennen ist, dass die mögliche Schädigung anderer Personen und Sachen nicht bewusst war.

- Übernahme der alleinigen Verantwortung. Auch in dem Fall, wo Andere durch ihr Verhalten die Tat begünstigten.

- Das Einräumen des Blackout-Syndroms (Erinnerungslücken) wird in „Fall 1" negativ bewertet.

- Alle Angaben müssen mit dem Inhalt der Fahrerakte (insbesondere Strafbefehl bzw. Urteil, Polizeibericht und ärztlicher Bericht) übereinstimmen!

Beispiel-Antwort - Fall 1: „Kann nicht gegeben werden, da individuell verschieden.

Beispiel-Antwort - Fall 2: Kann nicht gegeben werden, da individuell verschieden.

2. Frage: Warum haben Sie vor der Fahrt so viel Alkohol getrunken?

Sinn der Frage:

- Der Gutachter will das Motiv für den hohen Alkoholkonsum feststellen.

Hinweise für eine vorteilhafte Beantwortung:

- Entsprechend Ihrer persönlichen Strategie sollte erklärt werden können, dass mittlerweile bewusst ist, welche Funktion der Alkohol hatte: Entlastung oder Entspannung.

- Übernahme der alleinigen Verantwortung für die hohe Trinkmenge.

- Trinken allein „im stillen Kämmerlein" wird in „Fall 1" negativ bewertet.

- Keine Darstellung von Ausnahmeverhalten in Bezug auf die Trinkmenge.

- Selbstkritische Distanzierung vom früheren Trinkverhalten

Beispiel-Antwort - Fall 1: „Meine Frau und ich hatten mal wieder gestritten. Sie machte mir dermaßen viele Vorwürfe, dass ich es kaum noch ertragen konnte. Im Verlauf des Streits trank ich ein Glas nach dem anderen, was natürlich wenig hilfreich war. Heute weiß ich, dass Alkohol absolut keine Lösung ist. Mittlerweile sind wir in einer intensiven Paartherapie und die Vieltrinkerei gehört für mich der Vergangenheit an."

Beispiel-Antwort - Fall 2: „Meine Frau und ich hatten mal wieder gestritten. Sie machte mir wegen meiner Probleme am Arbeitsplatz einen Vorwurf nach dem anderen, so dass es für mich kaum noch zu ertragen war. Im Verlauf der Auseinandersetzung trank in dann immer mehr. Heute weiß ich, dass meine Trinkerei sogar der Hauptgrund für unsere

Probleme war. Seit Einleitung der Abstinenz bin ich wieder ein glücklicher Mensch. Und die damaligen Eheprobleme sind glücklicherweise auch gelöst."

3. Frage: Wie erklären Sie sich eigentlich Ihre damalige hohe Alkoholverträglichkeit?

<u>Sinn der Frage:</u>

- Der Psychologe will herausbekommen, ob Sie Ihre frühere Trinkfestigkeit realistisch bewerten.

- Außerdem möchte der Gutachter feststellen, ob Sie das Zustandekommen der Alkoholverträglichkeit nachvollziehbar darstellen können.

<u>Hinweise für eine vorteilhafte Beantwortung:</u>

- Einsicht zur Tatsache bekunden, dass Alkoholmissbrauch betrieben wurde.

- Langjähriger Alkoholüberkonsum wird für „Fall 1" negativ bewertet.

- Die Schilderung eines hohen Konsums in einem nur kurzen Zeitraum (z.B. 2-3 Monate vor der Tat) ist aufgrund mangelnder Nachvollziehbarkeit zu vermeiden.

Beispiel-Antwort - Fall 1: „Durch Nachdenken ist mir klar geworden, dass sich bereits ein Jahr vor der Auffälligkeit mein Trinkverhalten negativ verändert hat. Nach und nach habe ich immer mehr getrunken, ohne dass es mir selber richtig bewusst war."

Beispiel-Antwort - Fall 2: „Durch die Gespräche in der Suchtberatung wurde mir erst einmal bewusst, dass ich schon während meiner Bundeswehrzeit viel getrunken habe. Danach trank ich regelmäßig an den Wochenenden. Als später die Probleme mit meiner Frau hinzukamen, steigerte sich mein Alkoholkonsum auch an den Wochentagen."

4. Frage: Wieviel und welchen Alkohol haben Sie in welchem Zeitraum getrunken?

<u>Sinn der Frage:</u>

- Der Gutachter möchte herausfinden, ob Sie wissen, wie hoch die getrunkene Menge war.

- Weiterhin interessiert ihn, welche Alkoholsorten konsumiert wurden.

- Darüber hinaus will er feststellen, wie schnell getrunken wurde.

- Aufgrund dieser Informationen lassen sich insgesamt wichtige Rückschlüsse auf Ihre damaligen Konsumgewohnheiten ziehen.

- Durch den Vergleich Ihrer Angaben zu den Aussagen bezüglich der konkreten Trinkgewohnheiten kann der Gutachter erkennen, ob Sie ehrlich bzw. realistisch sind oder nicht.

<u>Hinweise für eine vorteilhafte Beantwortung:</u>

- Die am Tattag konsumierte Menge Alkohol sollte unbedingt ausgerechnet werden (Durch den MPU-Berater oder auch mit Promillerechner im Internet. Zum Beispiel: www.promille-rechner.de). Dadurch wird der Eindruck vermieden, der Klient wolle sich besser darstellen, als er nachweislich gewesen sein kann.

- Schnaps- und Vielsortentrinker gelten als besonders gefährdet

- Sogenanntes Sturztrinken ist ein Beweis für ein Alkoholproblem. Hinweise dafür liefern Trinkgeschwindigkeiten pro Trinkeinheit (z.B. 1 Glas Bier a' 0,2 L) unter 15 Minuten.

- Dem Polizeibericht bzw. dem ärztlichen Bericht sind die Angaben des Betroffenen über konsumierte Sorten, Mengen und Zeiträume zu entnehmen. In den Dokumenten sind ebenfalls der Zeitpunkt der Auffälligkeit und der Blutabnahme sowie die Höhe der Promille enthalten.

Beispiel-Antwort - Fall 1: Kann nicht gegeben werden, da individuell verschieden.

Beispiel-Antwort - Fall 2: Kann nicht gegeben werden, da individuell verschieden.

5. Frage: Warum sind Sie, trotz Alkohol, gefahren?

Sinn der Frage:

- Der Psychologe möchte wissen, welche Erklärung Sie für den Entschluss zur Fahrt haben.

Hinweise für eine vorteilhafte Beantwortung:

- Es ist aus Sicht der Untersuchungsstelle nicht glaubwürdig, wenn der Betroffene die Fahrt als erstmalig vorgekommenes Ereignis darstellt.

- Sich beim Gutachter für die falsche Entscheidung zu entschuldigen bringt keinerlei Vorteil.

- Wenn der Betroffene sich als Opfer, das keine andere Wahl gehabt hat, darstellt, ist dies negativ zu bewerten.

- Wer behauptet, er hätte sich völlig fahrtüchtig gefühlt, liefert selber einen Beweis für seine frühere hohe Trinkfestigkeit (er hätte also noch mehr Alkohol vertragen können).

Beispiel-Antwort - Fall 1: „Leider redete ich mir ein, die Fahrtstrecke schaffen zu können. Durch die Wirkung des Alkohols überschätzte ich mich völlig. Das war extrem gefährlich und letztendlich ein großer Fehler."

Beispiel-Antwort - Fall 2: „Bis zu meiner Auffälligkeit bin ich regelmäßig alkoholisiert gefahren. Dies bedauere ich sehr und bin froh, niemanden verletzt zu haben."

6. Frage: Hatte jemand versucht, Sie von der Fahrt abzuhalten?

<u>Sinn der Frage:</u>

- Der Gutachter möchte herausfinden, ob Sie gefahren sind, obwohl andere Personen Sie davon abhalten wollten.

- Der Psychologe kann sich einen Eindruck von der Qualität Ihres Umfelds bzw. Ihrer Beziehungen verschaffen.

<u>Hinweise für eine vorteilhafte Beantwortung:</u>

- Sollte sich der Klient, trotz einem Versuch ihn davon abzuhalten, gefahren sein, ist günstig, wenn er dies bedauert.

- Wenn den Betroffenen niemand an der Fahrt hinderte, obwohl man ihn bei seinem Vorhaben beobachtet hatte, ist von einer gewissen Gleichgültigkeit ihm gegenüber auszugehen. Oder im Umfeld ist es üblich, auch betrunken zu fahren.

Beispiel-Antwort - Fall 1: „Es konnte mich niemand abhalten, weil ich den Bekannten sagte, ich würde zu Fuß gehen bzw. mit dem Taxi fahren."

Beispiel-Antwort - Fall 2: „Nein, es hat mich keiner abgehalten. Wahrscheinlich waren alle mit sich selber beschäftigt. In der damaligen Zeit, als ich noch getrunken habe, tranken die meisten meiner Bekannten viel Alkohol und der größte Teil von Ihnen besaß selber keinen Führerschein mehr. Zu diesen Leuten habe ich nach Einleitung der Abstinenz ganz bewusst den Kontakt abgebrochen."

Fragen zur Entwicklung des Trinkverhaltens

7. Frage: In welchem Alter haben Sie zum ersten Mal Alkohol getrunken?

Sinn der Frage:

- Der Psychologe möchte in Bezug auf die Altersangabe auch feststellen, welches Umfeld Sie zum Alkohol führte.

- Darüber hinaus will der Gutachter feststellen, wie Sie die erste Alkoholwirkung für sich erlebt haben.

Hinweise für eine vorteilhafte Beantwortung:

- Je eher der Konsum stattgefunden hat, desto negativer fällt die Bewertung durch den Psychologen aus - vor allem in „Fall 1".

- Gleiches gilt für die empfundene Wirkung: Je positiver diese beschrieben wird, desto sicherer geht der Gutachter von einem bereits verfestigten Verhalten aus.

- Ebenfalls für „Fall 1" ungünstig, wenn berichtet wird, die eigenen Eltern hätten zum Trinken verführt.

- Besonders argwöhnisch macht es den Psychologen, wenn beim ersten Konsum Schnaps getrunken wurde.

Beispiel-Antwort - Fall 1: „Ich war fünfzehn Jahre alt und auf der Geburtstagsparty eines Freundes eingeladen. Dort habe ich drei Gläser

Bier getrunken. Das machte mich ziemlich müde und ich ging schließlich früher nach Hause, als es geplant war."

Beispiel-Antwort (Alkoholismus) - Fall 2: „Eines Abends, ich war gerade elf Jahre alt, forderte mich mein angetrunkener Vater auf, zu ihm zu kommen. Dann sagte er, ich solle mit ihm zusammen ein Bier trinken. Als die Flasche leer war, stellte er mir noch eine hin und zusätzlich ein Glas Wodka."

8. Frage: Wie alt waren Sie, als Sie das erste Mal betrunken waren?

<u>Sinn der Frage:</u>

- Der Psychologe kann aufgrund Ihrer Antwort einschätzen, wie viele Jahre Sie insgesamt zu viel getrunken haben.

<u>Hinweise für eine vorteilhafte Beantwortung:</u>

- Die Frage ist suggestiv formuliert, da vorausgesetzt wird, dass der Betroffene bereits in seinem Leben betrunken war. Bei Auffälligkeiten mit hohen Promillen ist die Frage natürlich berechtigt. Doch Wiederholungstäter im Bereich der niedrigeren Promillen müssen grundsätzlich keine Trunkenheit einräumen.

- Je länger insgesamt Alkoholmissbrauch betrieben wurde, desto ungünstiger für „Fall 1".

- Die Antwort liefert Hinweise auf das Umfeld, das am hohen Alkoholkonsum mitbeteiligt war. Für „Fall 1" ist es deshalb günstiger, frühere Kumpel/Bekannte zu erwähnen anstatt Familienmitglieder.

- Für „Fall 1" ist es vorteilhafter, wenn eingeräumt wird, damals eine hohe Menge Bier getrunken zu haben und keinen Schnaps.

Beispiel-Antwort - Fall 1: „Als ich von der Bundeswehr entlassen wurde, hatte ich mit den damaligen Kameraden gefeiert und war angetrunken. Zum ersten Mal betrunken war ich nach einem Streit mit meiner Frau. Sie hatte angedroht, zusammen mit unserer Tochter auszuziehen."

Beispiel-Antwort - Fall 2: „Im Alter von fünfzehn Jahren war ich in einer Clique, in der fast alle viel getrunken haben. An einem Wochenende feierten wir den Geburtstag eines Kumpels. Und ich erinnere mich, so viel getrunken zu haben, dass ich kaum noch laufen konnte."

9. Frage: Wie ging es danach mit Ihrem Alkoholkonsum weiter?

<u>Sinn der Frage:</u>

- Der Gutachter möchte herausfinden, ob Sie nach der ersten höheren Trinkmenge Gefallen an dem erlebten Rauschzustand gefunden haben.

- Weiterhin kann der Psychologe feststellen, wann sich Ihr Trinkverhalten negativ verändert hat.

<u>Hinweise für eine vorteilhafte Beantwortung:</u>

- Für „Fall 1" ist es günstig, einen normalen Umgang mit Alkohol darzustellen bis zu dem Zeitpunkt, an dem das vermehrte Trinken einsetzte.

- Der gesamte Zeitraum des Vieltrinkens sollte in „Fall 1" überschaubar dargestellt werden (z.B. 1-2 Jahre).

Beispiel-Antwort - Fall 1: „Aufgrund meines Engagements in Beruf und Sport, hatte ich kein Interesse daran regelmäßig Alkohol zu trinken. Ich denke, dass ich bis zu der negativen Veränderung 1-2 x monatlich etwas getrunken habe. Meistens auf einer Feier oder im Restaurant.

Und mehr als 7-8 Bier a' 0,2 Liter trank ich bei den Feiern grundsätzlich nicht."

Beispiel-Antwort - Fall 2: „In unserer damaligen Clique wurde es zur Normalität, dass wir uns jeden Freitag regelrecht volllaufen ließen. Nach ein paar Monaten tranken einige von uns dann auch an den Samstagen immer mehr. Leider gehörte ich auch zu denen."

10. Frage: In welcher Lebenssituation begannen Sie, regelmäßig mehr Alkohol zu konsumieren?

<u>Sinn der Frage:</u>

- Der Psychologe möchte den äußeren Auslöser für die negative Veränderung herausbekommen.

<u>Hinweise für eine vorteilhafte Beantwortung:</u>

- Um authentisch und glaubwürdig zu wirken, sollte die tatsächlich erlebte problematische Lebenssituation beschrieben werden.

- Unabhängig davon, in welchem Lebensbereich Schwierigkeiten aufgetreten waren, sollte vermieden werden, Situationen oder Personen als „schuldig" darzustellen. Wesentlich konstruktiver ist es, die eigenen früheren Unzulänglichkeiten mit einzubeziehen.

Beispiel-Antwort - Fall 1: „Als ich von einer guten Bekannten erfuhr, dass meine Frau seit einem halben Jahr ein Verhältnis hat, war ich sehr geschockt. Allerdings traf mich im Anschluss noch mehr, dass meine Ex-Frau die Fragen zu dem Verdacht völlig emotionslos und gleichgültig bejaht hatte."

„Heute weiß ich, dass ich meine Frau aufgrund meiner Arbeit viel zu oft alleine gelassen hatte. Dummerweise glaubte ich, unsere Ehe würde das aushalten. Das war ein Irrtum."

Beispiel-Antwort - Fall 2: „Ich bekam einen neuen Vorgesetzten, der sehr kritisch und dominant auftrat. Es gab keinerlei Lob und Bestätigung, dafür umso mehr Tadel - auch vor anderen Kollegen und Kunden."

„Ich trank immer mehr, erst an den Wochenenden, dann unter der Woche und schließlich auch heimlich am Arbeitsplatz. Bis ich die erste Abmahnung bekam. Da wusste ich, dass ich Hilfe brauche. Nach einem intensiven Gespräch mit dem Betriebsrat bin ich nach Rücksprache mit dem Hausarzt umgehend in die Entziehungskur."

„Mit dem Vorgesetzten konnte ich nach meiner Rückkehr offen über meine Probleme sprechen und musste feststellen, dass er im Grunde genommen in Ordnung ist. Jedoch hatte ich den Fehler gemacht, den Ärger in mich hineinzufressen, anstatt rechtzeitig das Gespräch mit ihm zu suchen."

11. Frage: Wissen Sie, welchen persönlichen Hintergrund es hatte, dass Sie sich damals so verhielten?

<u>Sinn der Frage:</u>

- Der Gutachter möchte feststellen, ob Ihnen bewusst ist, welche Einstellungen, Charaktereigenschaften oder Verhaltensweisen (= Innere Auslöser) die negative Entwicklung ermöglichten.

- Im gleichen Zuge kann der Psychologe ermitteln, ob Sie mittlerweile Lösungsmöglichkeiten für sich gefunden haben.

<u>Hinweise für eine vorteilhafte Beantwortung:</u>

- Je genauer die Selbsterkenntnis beschrieben werden kann, desto günstiger für den Betroffenen.

- Bei der Erläuterung der Lösungen sollte für den Psychologen nachvollziehbar sein, wie diese erkannt wurden.

- Positiv ist, wenn der Betroffene anhand von Situationsbeispielen erklären kann, dass er durch seine Veränderung bereits einige Schwierigkeiten bewältigt hat.

Beispiel-Antwort - Fall 1: „Infolge mehrerer intensiver Gespräche mit einem langjährigen Freund ist mir vieles über mich selber klar geworden. Nachdem ich die Fehler erkannte, die ich in meiner Ehe gemacht habe, musste ich einsehen, dass meine Einstellung nicht stimmte. Im Grunde genommen war ich egoistisch und meinte fälschlicherweise, meine Frau zufrieden stellen zu können, indem ich viel Geld verdiene. Ich glaubte sogar, dass sie stolz auf mich sein müsse. In Wirklichkeit war ich weder ein guter Ehemann noch ein verantwortungsvoller Familienvater. Seit ich mich geändert habe und mehr darauf achte, was mein Umfeld braucht, sind die Beziehungen viel intensiver und ich selber fühle mich auch wohler in meiner Haut."

Beispiel-Antwort - Fall 2: „Durch die Gespräche mit dem Therapeuten in der Suchtklinik ist mir bewusst geworden, dass ich in Wirklichkeit Angst vor meinem Vorgesetzten hatte. Das wollte ich aber nicht sehen. Stattdessen habe ich mich innerlich gegen ihn gewehrt und mir eingeredet, ihn zu hassen. Tatsächlich hasste ich mich selber, für meine Feigheit, nicht den Mut aufzubringen, mit ihm zu reden."
„Ich habe gelernt, meine Ängste ernst zu nehmen und mich mit ihnen zu beschäftigen, anstatt sie zu verdrängen. Ich habe begriffen, dass der Alkohol meine eigenen Schwächen noch verstärkt hat. Zum Glück ist dieser Teufelskreis in der Klinik durchbrochen worden und ich habe erfahren, dass ein gutes Gespräch in schwierigen Zeiten durch nichts zu ersetzen ist."

12. Frage: Welche Funktion hatte der Alkohol für Sie?

Sinn der Frage:

- Der Gutachter möchte feststellen, ob Ihnen bewusst ist, was der Alkohol für Sie tun bzw. „erledigen" sollte.

- Wichtig ist ebenfalls, ob Sie sich mittlerweile Lösungsmöglichkeiten als Alternativen zur früheren Alkoholfunktion erarbeiten konnten.

Hinweise für eine vorteilhafte Beantwortung:

- Vom Betroffenen sollte während seiner Vorbereitung auf die MPU eine klare Entscheidung getroffen werden: Entlastung oder Entspannung.

- Wenn der Psychologe mit der Aussage konfrontiert wird, dass der Alkohol beide Funktionen hatte, wird's kompliziert. Dies hat vor allem drei Gründe:

1. Thema „Äußerer Auslöser": Je nachdem, in welche neuen Lebenssituationen der MPU-Kunde gerät, besteht langfristig eine doppelte Gefahr, in Schwierigkeiten zu geraten. Die Folge davon könnte ein ansteigender Alkoholkonsum sein.

2. Thema „Innerer Auslöser": Es entsteht der Verdacht, es handele sich bei dem Betroffenen um eine Mischpersönlichkeit (z.B. labile und zwanghafte Wesenszüge). Um positiv beurteilt werden zu können, müsste der MPU-Kunde im Vorfeld einen entsprechend hohen Aufwand in Bezug auf Therapie bzw. Suchtberatung und MPU-Vorbereitung betrieben haben. Und selbst dann wird es dem Gutachter nicht leicht fallen, eine günstige Bewertung zu schreiben. Denn immerhin besteht aus seiner Sicht ein zweifaches Risiko eines erneuten Alkoholmissbrauchs mit der möglichen Folge einer weiteren Alkoholauffälligkeit.

3. Thema „Alternative zur früheren Funktion des Alkohols": Der Psychologe erwartet in diesem Fall auch <u>zwei sichere Lösungen</u>.

Grundsätzlich sollte der angegebene „Äußere Auslöser" zur dargestellten „Funktion des Alkohols" passen. Zum Beispiel: Probleme und Entlastung <u>oder</u> hohe berufliche Belastung und Entspannung.

Beispiel-Antwort - Fall 1: „Mir ist klar geworden, dass ich den Alkohol zur Entlastung getrunken hatte. Doch es war ein großer Fehler zu glauben, das Trinken könnte in irgendeiner Weise meine Probleme lösen. Ganz im Gegenteil, alles wurde durch die Trinkerei noch schlimmer."

„Nach Beendigung des Alkoholmissbrauchs habe ich mir angewöhnt, über Probleme unmittelbar zu sprechen. Und seit ich mich anderen gegenüber öffne, geht es mir wesentlich besser."

Beispiel-Antwort - Fall 2: „Bereits vor vielen Jahren habe ich damit begonnen, immer dann zu trinken, wenn es irgendwelche Probleme gab. Oft fühlte ich mich unverstanden oder unfair behandelt."

„Tatsächlich habe ich mich selber bemitleidet und nicht ein einziges Problem gelöst. Bis ich an den Punkt kam, an dem ich eigentlich von morgens bis abends hätte trinken können. Der Führerscheinentzug ist aus jetziger Sicht die letzte Chance gewesen, eine sehr wichtige Entscheidung zu treffen: Ein neues Leben ohne Alkohol zu beginnen oder mit der Flasche in der Hand zu resignieren."

„Ich habe mich für die Abstinenz entschieden und gelernt, auf jedes Problem direkt zuzugehen, um es zu lösen. Und so gut wie heute habe ich mich noch niemals gefühlt."

13. Frage: Wann haben Sie Ihr Trinkverhalten geändert (bzw. die Abstinenz eingeleitet) und wie haben Sie die Änderung erlebt?

<u>Sinn der Frage:</u>

- Der Psychologe benötigt diese Information, um den Zeitraum des normalen Trinkens bzw. der abstinenten Lebensführung feststellen zu können.

- Anhand der Beschreibung zu der Lebensumstellung kann der Gutachter erkennen, ob evtl. Bagatellisierungstendenzen sichtbar werden bzw. realistisch und nachvollziehbar berichtet wird.

Hinweise für eine vorteilhafte Beantwortung:

- Ob der Alkoholmissbrauch bzw. der Alkoholkonsum direkt nach der Trunkenheitsfahrt eingestellt wurde oder erst Wochen/Monate später, spielt grundsätzlich keine Rolle. Jedoch sollte in „Fall 1" der folgende Punkt (s.u.) beachtet werden.

- Je länger der Zeitraum ist, indem der Betroffene normal getrunken bzw. abstinent gelebt hat, desto günstiger. Im Falle der abstinenzbedürftigen Alkoholproblematik ½ Jahr, noch besser 1 Jahr. Im Falle von Alkoholismus 1½-2 Jahre.

- Es ist für MPU-Gutachter nur schwer nachvollziehbar, wenn berichtet wird, die Umstellung zum normalen Trinken bzw. zur Abstinenz sei sehr leicht gefallen. Auch, wenn in „Fall 1" das Vieltrinken nicht vermisst wurde, so ist es glaubwürdiger, die erlebten Änderungen im Freizeitbereich in der Übergangsphase als etwas mühsam zu beschreiben. Bei „Fall 2" im Bereich der abstinenzbedürftigen Alkoholproblematik sind leichte Entzugserscheinungen sowie vermehrtes Denken an Alkohol realistisch. Im Falle von Alkoholismus sind hingegen deutliche Entzugssymptome und ein starker Drang nach Alkoholkonsum plausibel.

Beispiel-Antwort - Fall 1: „Nach dem Führerscheinentzug war ich dermaßen frustriert, dass ich erst mal so weiter getrunken habe wie bisher. Aber eine Woche später führte ich ein Gespräch mit meinem Bruder. Dadurch bin ich sozusagen wach geworden. Er fragte mich, wie es eigentlich in meinem Leben weitergehen soll. Das machte mich sehr nachdenklich und mir wurde klar, dass ich ein paar Dinge ändern musste. Ich entschloss mich, zur Selbstbestrafung die nächsten 2-3 Wochen

nichts mehr zu trinken, um endlich wieder normal mit dem Alkohol umzugehen. Das hat gut funktioniert, aber an die Änderungen im Freizeit-
verhalten musste ich mich doch erst gewöhnen. Natürlich ist es be-
quemer in die Kneipe nach nebenan zu gehen, als zum Schwimmen
oder ins Fitnesscenter zu fahren. Aber heute bin ich heilfroh, vieles um-
gekrempelt zu haben."

Beispiel-Antwort - Fall 2: „Nach der Auffälligkeit war ich völlig am Boden. Meine Frau und die Kinder konnten es nicht fassen, dass ich meinen Führerschein verloren habe. Die Blicke meiner Tochter werde ich
wohl nie vergessen."
„Dass ich in dieser Situation immer noch Alkohol trank, wollte niemand
verstehen. Ein paar Wochen später erschien ich alkoholisiert auf der
Geburtstagsfeier meines großen Enkels. Ich muss mich wohl ziemlich
daneben benommen haben. Jedenfalls kündigte meine Frau an, am
nächsten Abend mit mir reden zu wollen."
„Sie erzählte mir, was passiert war und das sie und die Kinder am Ende
ihrer Geduld angekommen seien. Sie stellte mich vor die Wahl: entweder der Alkohol oder die Familie."
„Als ich endlich begriffen hatte, fiel mir die Entscheidung nicht schwer.
Direkt am nächsten Morgen rief ich unseren Hausarzt an, um einen
Termin zu vereinbaren. Noch am gleichen Tag war ich in seiner Praxis
und führte ein vertrauensvolles Gespräch mit ihm. Er riet mir, den Alkoholentzug sicherheitshalber in einer Klinik zu machen. Für den Über-
gang verschrieb er ein Medikament und überreichte mir schließich die
Überweisung. Nachdem ich die Dinge mit meinem Arbeitgeber geklärt
hatte, bin ich sofort zum Krankenhaus gefahren."
„Der Entzug an sich war erträglich, obwohl ich in der ersten Woche
noch oft an Alkohol denken musste. Schlimmer war allerdings die Zeit
auf dieser Station. Die werde ich niemals vergessen. So viel menschli-
ches Elend wegen des Alkohols - das hat mich wirklich beeindruckt."

„Jedenfalls war die Abstinenz eine der besten Entscheidungen meines Lebens und ich bin überglücklich, dass ich mich wieder als vollwertiges Mitglied meiner Familie fühle."

14. Frage: Welche Gründe waren maßgeblich dafür, dass Sie Ihr Trinkverhalten positiv geändert (bzw. die Abstinenz eingeleitet) haben?

Sinn der Frage:

- Der Gutachter möchte herausfinden, ob Sie neben dem Wunsch nach Wiedererteilung der Fahrerlaubnis noch andere wichtige Gründe für die Veränderung hatten.

- Durch die Antwort kann der Psychologe feststellen, welches Ausmaß an Problemen Ihr Trinkverhalten tatsächlich verursacht hat.

Hinweise für eine vorteilhafte Beantwortung:

- Wer als Grund für den geänderten Umgang mit Alkohol lediglich das Führerscheinproblem angibt, hat keine Chance auf ein positives Gutachten.

- Je größer die Anzahl der benannten Gründe ist, desto eher geht der Gutachter von einem Alkoholproblem aus. So wird in „Fall 1" ein MPU-Erfolg sehr unwahrscheinlich.

Beispiel-Antwort - Fall 1: „Mir ist klar geworden, dass zumindest 1-2 x pro Woche meine Arbeitsleistung eingeschränkt war, da ich am Vorabend zu viel getrunken hatte. Meistens kam noch Schlafmangel hinzu. Dadurch war ich schlecht konzentriert und hin und wieder schlichen sich am Arbeitsplatz kleine Fehler ein. Das darf ich mir nicht erlauben, denn ich will noch einige berufliche Ziele erreichen und mir nicht selber dabei im Wege stehen."

Beispiel-Antwort - Fall 2: „Nachdem meine Ehe bereits wegen des Trinkens in die Brüche ging und ich dann auch noch die Kündigung von der Firma bekam, stand ich am Abgrund meiner Existenz. Als mir im letzten Jahr mein Hausarzt mitteilte, wie es gesundheitlich um mich steht, musste ich eine Entscheidung treffen. Ich habe mich für das Leben und einen neuen Anfang entschieden. Heute bin ich sehr froh darüber."

15. Frage: Welche Vorteile haben sich durch das normale Trinken (bzw. die Abstinenz) für Sie ergeben?

Sinn der Frage:

- Der Gutachter kann anhand Ihrer Antwort erkennen, welche Nachteile Sie vorher durch das vermehrte Trinken hatten.

- Aufgrund Ihrer Angaben kann er einschätzen, wie stark Sie motiviert sind, das normale Trinken (bzw. die Abstinenz) beizubehalten.

Hinweise für eine vorteilhafte Beantwortung:

- Wer in „Fall 1" eine Kette von Vorteilen auflistet, offenbart dadurch das Ausmaß seiner bisherigen Probleme durch und mit dem Alkohol.

- Ob nur von 1-2 Problemen oder einer ganzen Reihe berichtet wird, die Qualität der geschilderten Vorteile ist von maßgeblicher Bedeutung für die Entscheidung des Gutachters.

Beispiel-Antwort - Fall 1: „Seit ich wieder normal trinke, fühle ich mich körperlich besser und meine Ehe ist wesentlich harmonischer geworden."

Beispiel-Antwort - Fall 2: „Es ist tatsächlich so, als sei ich neu geboren worden. Früher fühlte ich mich von morgens bis abends hundeelend. Ich war ständig müde und in einer depressiven und nervösen Stimmung. Seit der Abstinenz geht es mir sehr gut. Und mittlerweile führe ich wieder eine schöne Beziehung und im Job geht es täglich bergauf. Es könnte wirklich nicht besser laufen."

16. Frage: Ist es vorgekommen, dass Sie ein schlechtes Gewissen bei sich feststellten, wenn Sie am Vortag viel getrunken hatten?

<u>Sinn der Frage:</u>

- Der Psychologe möchte feststellen, ob sich der Alkoholmissbrauch bei Ihnen zu einem Alkoholproblem entwickelt hat.

- Im gleichen Zuge kann der Gutachter klären, ob es bereits zu einer Verfestigung des Kontrollverlustes gekommen ist.

<u>Hinweise für eine vorteilhafte Beantwortung:</u>

- Wenn vom Betroffenen ein schlechtes Gewissen eingeräumt wird, geht der Psychologe davon aus, dass dies nicht nur einmal, sondern häufig vorgekommen ist. In „Fall 1" kann dieser Umstand zu einem negativen Untersuchungsergebnis führen.

- Die Einsicht, an einem bestimmten Tag zu viel getrunken zu haben ist ein anderer Sachverhalt als der, sich massive Selbstvorwürfe zu machen.

Beispiel-Antwort - Fall 1: "Nein, das ist bei mir nicht vorgekommen. Als ich aber meine Promille vom Tattag erfuhr, stand mein Entschluss fest, mein Trinkverhalten zu ändern. Nicht nur aufgrund der Alkoholfahrt, sondern auch wegen der Alkoholmenge, die ich getrunken hatte. Was zu viel ist, ist zu viel, sagte ich mir."

Beispiel-Antwort - Fall 2: „Ja, das ist zigmal vorgekommen, bis zu dem Punkt, an dem es Bestandteil meines Alltags war. Ständig nahm ich mir vor, nach einer bestimmten Anzahl von Gläsern mit dem Trinken auszuhören. Aber wenn ich erst einmal eine gewisse Menge intus hatte, trank ich weiter. Und am nächsten Morgen konnte ich kaum in den Spiegel sehen. Am Anfang sagte ich noch „Du Idiot" zu mir, aber nach und nach verlor ich mein Selbstvertrauen völlig, weil mir zunehmend klar wurde, dass der Alkohol Macht über mich hatte, und nicht ich über ihn. Das ging so weit, bis ich anderen gar nicht mehr in die Augen sehen konnte und nüchtern keinen Fuß vor die Tür setzen wollte. Ich war nur noch ein Häufchen Elend. Gut, dass dieser Albtraum vorbei ist."

17. Frage: Ist es bei Ihnen vorgekommen, dass Sie sich nach hohen Trinkmengen am nächsten Tag an Teile des Vorabends nicht mehr erinnern konnten (Black-out Syndrom)?

<u>Sinn der Frage:</u>

- Der Gutachter will ermitteln, ob Sie derart hohe Alkoholmengen getrunken haben, dass die Gehirntätigkeit dadurch massiv beeinträchtigt wurde.

- Durch Ihre Antwort kann der Psychologe besser einschätzen, ob bereits ein Alkoholproblem entstanden ist.

- Der Gutachter kann im Falle einer sehr hohen Promille (z.B. > 2,5) feststellen, inwiefern Sie bei der Thematik um Ehrlichkeit bemüht sind.

<u>Hinweise für eine vorteilhafte Beantwortung:</u>

- Wenn vom Betroffenen Erinnerungslücken eingeräumt werden, geht der Psychologe davon aus, dass dies nicht nur einmal vorgekommen ist. In „Fall 1" kann dieser Umstand zu einem negativen Untersuchungsergebnis führen.

- 162 -

- Bei sehr hohen Promillewerten sowie Schnaps- und Vielsorten-konsum (Infos aus Fahrerakte berücksichtigen!) ist eine Vernei-nung der Frage kaum nachvollziehbar.

Beispiel-Antwort - Fall 1: „Ich weiß, was Sie meinen. Ein Kollege er-zählte mir einmal montags auf der Arbeit, dass er nicht mehr weiß, wie er am Samstagabend nach Hause gekommen ist. Glücklicherweise habe ich so etwas nicht erlebt."

Beispiel-Antwort - Fall 2: „Oh ja, das ist oft vorgekommen, eigentlich jedes Wochenende. In vielen Fällen wusste ich, dass am Vorabend irgendetwas Unangenehmes passiert sein musste. Sehr häufig habe ich mir dann das Gehirn zermartert, konnte mich aber trotzdem nicht erinnern. Besonders peinlich waren die Situationen, wo mir andere er-zählten, was ich tags zuvor angestellt hatte. Einige Male entschuldigte ich mich bei Bekannten, weil es zu Beleidigungen oder Schlimmerem gekommen war. Nur gut, dass diese Zeiten vorbei sind."

18. Frage: Meinen Sie, dass Sie ein Alkoholproblem haben?

<u>Sinn der Frage:</u>

- Der Gutachter will feststellen, wie Sie Ihren vorangegangenen Alkoholmissbrauch bewerten. Besonders wichtig ist, ob Ihre Einschätzung realistisch oder eher wirklichkeitsfremd ist.

- Außerdem kann der Psychologe herausfinden, wie Sie Ihren früheren Umgang mit Alkohol empfinden.

<u>Hinweise für eine vorteilhafte Beantwortung:</u>

- Bei Wiederholungstätern in Verbindung mit einer jeweils hohen Promille oder Ersttätern mit einer sehr hohen Promille ist das Alkoholproblem offensichtlich. Somit ergibt eine Verneinung der Frage im Regelfall keinen Sinn und kann zu einem negativen

Gutachten führen.

- In „Fall 1" die Frage zu bejahen, dürfte das gleiche Ergebnis nach sich ziehen. Vor allem dann, wenn keine Suchberatung oder Vergleichbares beansprucht wurde bzw. eine Abhängigkeit eingeräumt wird.

Beispiel-Antwort - Fall 1: „Nein, trotz des damaligen Missbrauchs hat sich kein Alkoholproblem entwickelt. Ich bin mir in diesem Punkt deswegen sicher, weil ich seit meiner Auffälligkeit vor X Monaten normal mit Alkohol umgehe. Außerdem hatte ich in diesem Zeitraum nie das Bedürfnis, viel zu trinken."
Beispiel-Antwort - Fall 2: „Ja, da bin ich mir sogar sicher. Zu anfangs wollte ich es noch nicht wahrhaben. Zwischenzeitlich bin ich allerdings an den Punkt gekommen, wo ich es akzeptiere. Ich kann nicht kontrolliert trinken und deswegen ist Alkohol für mich tabu."

19. Frage: Würden Sie sagen, dass Ihr früherer Umgang mit dem Alkohol problematisch war?

<u>Sinn der Frage:</u>

- Der Psychologe möchte feststellen, ob Sie eine Einsicht in Bezug auf Ihren früheren Alkoholmissbrauch entwickelt haben.

<u>Hinweise für eine positive Beantwortung:</u>

- Die Frage ähnelt der vorangegangenen. Doch es gibt einen Unterschied. Bei der 18. Frage wird ein konkretes Problem nachgefragt. Bei der aktuellen Frage geht es jedoch um die Bewertung des damaligen Trinkverhaltens.

- Wenn aufgrund der Promille ein früherer Alkoholmissbrauch offensichtlich ist, muss die Frage konsequenterweise bejaht werden.

Beispiel-Antwort - Fall 1: „Ja, auf jeden Fall, denn ich habe den Alkohol benutzt, um meine Unzufriedenheit zu verdrängen. Und die Mengen, die ich getrunken habe, sind mit Sicherheit problematisch."

Beispiel-Antwort - Fall 2: „Ich sehe das heutzutage so, dass nicht nur mein Umgang mit dem Alkohol problematisch war, sondern der Alkohol an sich zu meinem größten Problem wurde. Es war mir nicht mehr möglich, irgendein vernünftiges Maß zu halten. Denn hatte ich erst einmal ein Glas getrunken, konnte ich nicht mehr aufhören."

20. Frage: Glauben Sie, dass Sie alkoholkrank sind oder eine abstinenzbedürftige Problematik entwickelt haben?

Sinn der Frage:

- Der Gutachter möchte herausfinden, wie Sie Ihre Lage beurteilen und ob Ihre Einschätzung realistisch ist.

- Es kann zusätzlich festgestellt werden, ob Sie Konsequenzen aus Ihren Einsichten gezogen haben.

Hinweise für eine vorteilhafte Beantwortung:

- In „Fall 1" kann die Bejahung der Frage nur zu einem negativen Gutachten führen.

- In „Fall 2" muss sich der Betroffene seiner Alkoholproblematik bewusst sein und argumentieren können, warum er sich der einen oder anderen Gruppe zuordnet.

- Weiterhin sollten in „Fall 2" im Vorfeld der MPU alle erforderlichen Maßnahmen (Abstinenz-Kontrollprogramm und Suchtberatung bzw. Therapie) durchgeführt worden sein, um ein positives Untersuchungsergebnis erzielen zu können.

Beispiel-Antwort - Fall 1: „Nein, ich bin sicher, dass es bei mir nicht so weit gekommen ist. Und zwar deshalb, weil ich nach Beendigung des Missbrauchs keine Entzugssymptome hatte und ich mich auch mental gut vom Vieltrinken lösen konnte. Außerdem gehe ich mittlerweile seit vielen Monaten normal mit dem Alkohol um und habe seitdem keinerlei Bedürfnis gehabt, mich zu betrinken."

Beispiel-Antwort - Fall 2: „Ich hatte zwar nur leichte Entzugserscheinungen, doch nach mehreren Gesprächen mit dem Therapeuten und behandelnden Arzt war klar, dass sich bei mir eine abstinenzbedürftige Alkoholproblematik entwickelt hat. Das habe ich für mich angenommen und trinke deshalb keinen Alkohol mehr."

oder

„In der Klinik wurde eindeutig die Diagnose einer Alkoholerkrankung gestellt. Ich habe mir in diesem Punkt absolut nichts vorgemacht und lebe seit dem Entzug konsequent ohne Alkohol."

21. Frage: Welche Situationen wären im Zusammenhang zu einem Rückfall in das frühere negative Trinkverhalten (bzw. zu einem Alkohol-rückfall) gefährlich für Sie?

Sinn der Frage:

- Der Psychologe will feststellen, ob Sie besondere Situationen oder Ereignisse als Gefahrenquelle erkannt haben und um welche es sich dabei handelt.

- Außerdem kann der Gutachter erfahren, wie Sie mit der Lage umgehen würden bzw. inwiefern Ihr Notfallplan „sicher" erscheint .

Hinweise für eine vorteilhafte Beantwortung:

- Zu behaupten, es gäbe keine Risiken, ist nachteilig für den Betroffenen. Deshalb sollte vor der MPU darüber nachgedacht worden sein, welche Umstände tatsächlich eine Gefahr sein könnten.

- Die erdachten Lösungen müssen wirksam und durchführbar sein.

Beispiel-Antwort - Fall 1: „Es wäre ein Schock für mich, wenn ich von heute auf morgen meinen Arbeitsplatz verlieren würde. In diesem Fall ginge ich als Erstes zu einer Arbeitsberatung und dann auf Stellensuche. Wenn es nicht so gut laufen sollte, könnte ich natürlich frustriert sein und daran denken, zu trinken. In dem Fall würde ich meinen Bruder oder besten Freund anrufen, um mir die Sorgen von der Seele zu reden."

Beispiel-Antwort - Fall 2: „Wenn meiner Familie etwas zustoßen würde, könnte ich das nur schwer verkraften. Sollte ich einen starken Drang zum Trinken feststellen, rufe ich umgehend meinen früheren Therapeuten, den Hausarzt oder Gruppen-Mentor an. Die Telefon-Nummern sind in meinem Handy abgespeichert. Und im absoluten Notfall würde ich mich sogar selber in die Klinik einweisen."

Fragen zum Trinkverhalten - früher und heute

22. Frage: Welche Sorten Alkohol tranken/trinken Sie?

Sinn der Frage:

- Der Gutachter will herausbekommen, ob Sie auch Schnaps bevorzugten/bevorzugen oder sogar verschiedenste Sorten Alkohol.

- Anhand Ihrer Angaben kann der Psychologe genauer einschätzen, ob ein Alkoholproblem vorliegt.

Hinweise für eine vorteilhafte Beantwortung:

- Für „Fall 1" ist es nachteilig anzugeben, Schnaps wäre oft bzw. in hohen Mengen getrunken worden (siehe Informationen in Fahrerakte!)

- Vielsortentrinken wird in „Fall 1" ebenfalls negativ bewertet.

Beispiel-Antwort - Fall 1: „Bei Geselligkeiten oder in der Gaststätte hatte ich Bier getrunken und im Restaurant auch mal Wein."

Beispiel-Antwort - Fall 2: „Angefangen hatte es mit Bier, doch nach ein paar Monaten brauchte ich zu viel davon, um die gewünschte Wirkung zu erzielen. Deshalb stieg auf Wein um, was aber später dazu führte, dass ich wieder zu oft einkaufen gehen musste. Dann wechselte ich zum Schnaps, zunächst auf Weinbrand. Doch davon bekam ich Probleme mit der Bauchspeicheldrüse. Die Endstation meiner Alkoholkarriere war schließlich der Wodka."

23. Frage: Bei welchen Anlässen tranken/trinken Sie, und wie häufig fanden/finden diese statt?

Sinn der Frage:

- Der Psychologe möchte feststellen, wie sich Ihr Umgang mit Alkohol in Bezug auf Motivation, Umfeld und Umgebung dargestellt hat.

- Aufgrund Ihrer Antwort kann auch erkannt werden, ob Sie Ihren früheren Alkoholkonsum realistisch betrachten.

- Darüber hinaus kann der Gutachter klären, ob Sie in Bezug auf die Trinkhäufigkeit ehrlich sind.

- Anhand ihrer Angaben zur Häufigkeit kann der Psychologe ermitteln, ob sich bei Ihnen bereits ein Alkoholproblem entwickelt hat.

Hinweise für eine vorteilhafte Beantwortung:

- Die Anzahl der früheren Anlässe muss im Verhältnis zur Promille realistisch sein. Dies bedeutet, dass nachvollziehbar werden muss, wie die entsprechende Alkoholtoleranz erreicht wurde.

- Allerdings kann in „Fall 1" eine zu hohe Anzahl von Trinkanlässen zu einem negativen Gutachten führen.

- Die Angabe, oft alleine getrunken zu haben, wird in „Fall 1" vom Gutachter sehr kritisch gesehen.

- Dem Betroffenen sollte klar sein, dass die Aussage, sich immer noch im gleichen Umfeld zu bewegen, auf Argwohn stoßen kann. Immerhin könnten trinkende Bekannte den eigenen Plan, normal zu trinken bzw. abstinent zu leben, gefährden.

Beispiel-Antwort - Fall 1: „Früher besuchte ich pro Jahr 2-3 Mal eine größere Feier. Daran hat sich nichts geändert. Geselligkeiten fanden und finden bis heute 1-2 Mal monatlich statt. Meistens mit befreundeten Paaren, die normal mit Alkohol umgehen. Allerdings ging ich damals auch noch an jedem Wochenende in die Kneipe. Dort trank ich zusammen mit Bekannten und einem früheren Kollegen. Freitags immer und manchmal auch noch am Samstag. Diese Zeiten sind jedenfalls vorbei, denn ich gehe nicht mehr in die Gaststätte und zu den Bekannten habe ich keinen Kontakt mehr."

Beispiel-Antwort - Fall 2: „Bereits vor einigen Jahren trank ich immer öfter, obwohl kein besonderer Anlass vorhanden war. Auch an Wochentagen ging ich häufig in die Kneipe. Wenn mir dazu das nötige Kleingeld fehlte, trank ich alleine zu Hause. Täglicher Alkoholkonsum wurde zu einer Normalität. Darüber dachte ich damals gar nicht nach, habe es sozusagen erfolgreich verdrängt. Das änderte sich schlagartig, als ich den Führerschein verlor. Aber richtig wach geworden bin ich erst, seitdem ich gar nichts mehr trinke."

24. Frage: Welche Mengen tranken/trinken Sie bei den verschiedenen Anlässen?

Sinn der Frage:

- Der Gutachter möchte wissen, welche Mengen Sie vertragen konnten bzw. welche Höchsttrinkmengen dabei erreicht wurden.

- Aufgrund Ihrer Antwort kann der Psychologe erkennen, ob Ihnen das Ausmaß Ihres Alkoholkonsums selber bewusst ist.

- Außerdem kann festgestellt werden, wie Sie das eigene Trinkverhalten im Nachhinein bewerten.

- Durch Ihre Mengenangaben lässt sich zuverlässig ausmachen, ob und in welcher Ausprägung ein Alkoholproblem entstanden ist.

Hinweise für eine vorteilhafte Beantwortung:

- Der Gutachter kann aufgrund der ermittelten Promille errechnen, wie viel am Tattag vom Betroffenen getrunken wurde. Somit erhält er ein zuverlässiges Bild von den Trinkmengen. Diese Tatsache sollte bei der Beantwortung der Frage berücksichtigt werden.

- Für den Psychologen ist es unglaubwürdig, wenn behauptet wird, die erreichte Trinkmenge am Tattag sei grundsätzlich die höchste im Zeitraum des vermehrten Trinkens gewesen.

- In „Fall 1" kann es sehr nachteilig sein, eine Höchsttrinkmenge einzuräumen, die wesentlich über der Menge vom Tattag liegt.

- Wiederholungstäter in „Fall 1" müssten unter Umständen unterschiedliches Trinkverhalten für mehrere Zeiträume schildern!

- In „Fall 1" ist es wichtig, dass der aktuelle Alkoholkonsum überschaubar ist.

- Um ausreichend einsichtig zu wirken, ist es von Vorteil, eher bedauernd von den damaligen hohen Trinkmengen zu berichten.

Beispiel-Antwort - Fall 1:
Früheres Trinkverhalten: Für die Darstellung sollte unbedingt die Vorgeschichte (Fahrerakte!), die Promille vom Tag der Auffälligkeit bzw. errechnete Trinkmengen und die individuelle Strategie berücksichtigt werden.
Heutiges Trinkverhalten: 1-2 Mal jährlich auf einer Feierlichkeit 1-3 Gläser, bei Geselligkeiten 1 Mal monatlich bis zu 5 Gläsern und im Restaurant 1-2 Gläser.

Beispiel-Antwort - Fall 2:
Früheres Trinkverhalten: Für die Darstellung sollte unbedingt die Vorgeschichte (Fahrerakte!), die Promille vom Tag der Auffälligkeit bzw. errechnete Trinkmengen und die individuelle Strategie berücksichtigt werden.
Heutiges Trinkverhalten: Entfällt aufgrund der abstinenten Lebensführung.

25. Frage: Ab welcher Menge verspürten/verspüren Sie die Wirkung des Alkohols?

Sinn der Frage:

- Der Psychologe kann anhand der Antwort Ihre frühere und heutige Alkoholtoleranz einschätzen.

- Ebenfalls ist es dem Gutachter möglich festzustellen, ob Ihre Angaben zu den Höchsttrinkmengen der Wahrheit entsprechen.

Hinweise für eine vorteilhafte Beantwortung:

- Die Aussagen zu maximalen Trinkmengen und zur Alkoholtoleranz müssen schlüssig sein. Denn wer behauptet, dass er früher insgesamt 20 Bier vertragen hat, musste demzufolge erst einige Gläser konsumieren, bevor er die Wirkung des Alkohols spüren konnte. Immerhin war der Körper an regelmäßiges Trinken und höhere Mengen gewöhnt. Wenn allerdings eine sehr hohe Alkoholtoleranzgrenze angegeben wird, kann dies offenbaren dass die gemachten Äußerungen zu den Höchsttrinkmengen unwahr sind.

- Nach der Rückkehr zum normalen Alkoholkonsum nimmt die Alkoholtoleranz wieder ab - die Wirkung setzt also früher ein.

- In „Fall 1" ist es keine gute Idee, wenn der Betroffene einräumt, dass es ihn stört, nur noch wenig Alkohol vertragen zu können

Beispiel-Antwort - Fall 1: „Als ich noch zu viel getrunken habe, merkte ich den Alkohol erst nach einer Flasche Bier. Seitdem ich normal trinke, spüre ich eine Wirkung schon nach einem kleinen Glas Bier."

Beispiel-Antwort - Fall 2: „In den letzten Jahren meiner Säuferkarriere musste ich erst einmal ein Drittel der Wodkaflasche trinken, um überhaupt irgendetwas von dem Alkohol zu merken. Um allerdings richtig betrunken zu sein, brauchte ich 1-1½ Flaschen."

Fragen zum Thema „Trinken und Fahren"

26. Frage: Wie oft sind Sie insgesamt alkoholisiert gefahren?

Sinn der Frage:

- Der Gutachter möchte ermitteln, ob Sie die Anzahl der begangenen Alkoholfahrten annähernd realistisch einschätzen können.

- Im gleichen Zuge kann der Psychologe Ihre Ehrlichkeit und die Bereitschaft zur Selbstkritik prüfen.

Hinweise für eine vorteilhafte Beantwortung:

Man geht davon aus, dass ein Ersttäter vor seiner Auffälligkeit bereits zwischen 300 und 600 Mal unter Alkoholeinfluss gefahren ist. Hierunter zählen auch Fahrten nach kleineren Alkoholmengen und unter Restalkohol. Ein Grund für die hohe Anzahl von angenommenen Fahrten ist die geringe Kontrolldichte der Polizei.

- Zu bedenken ist, dass unentdeckt gebliebene Alkoholfahrten von den meisten (männl.) Betroffenen als Erfolgserlebnis empfunden werden. Somit sinkt die Hemmschwelle, sich alkoholisiert ans Lenkrad zu setzen von Mal zu Mal.

- Insgesamt kann der Schluss gezogen werden, dass es keinerlei Sinn macht, dem Gutachter mitzuteilen, erst ein- oder zwei Mal unter Alkoholeinfluss gefahren zu sein.

Beispiel-Antwort - Fall 1: „In dem Zeitraum des vermehrten Trinkens bin ich jeden Freitag zu dem damaligen Bekannten gefahren. Dort habe ich im Vergleich zu anderen Anlässen am meisten getrunken. Und weil es nicht sehr weit von meiner Wohnung entfernt war, bin ich fast immer mit dem Auto dorthin und dummerweise auch wieder zurück. Von der

Anzahl her habe ich das neulich mal überschlagen und kam tatsächlich auf ca. 70 Alkoholfahrten."

Beispiel-Antwort - Fall 2: „Das waren unzählige Fahrten, vor allem unter Restalkohol. Denn ich war jeden Abend betrunken und bin am nächsten Morgen regelmäßig mit dem Wagen zur Arbeit gefahren. Gegen Ende der Trinkerei kippte ich mir bereits am Nachmittag in der Firma ein paar Schnapsfläschchen. Dass ich nicht schon früher beim Fahren erwischt worden bin, ist ein Wunder. Jedenfalls bin ich heilfroh, niemanden verletzt zu haben."

27. Frage: Warum haben Sie früher Trinken und Fahren nicht getrennt?

Sinn der Frage:

- Der Gutachter möchte den Grund dafür feststellen, warum es immer wieder zu der Verknüpfung von Alkoholkonsum und Autofahren kam.

- Hintergrund der Frage ist auch, dass nur derjenige in Zukunft Fahrten unter Alkoholeinfluss vermeiden kann, der die Ursachen für das frühere Fehlverhalten erkannt hat.

Hinweise für eine vorteilhafte Beantwortung:

- Es sollten mindestens zwei Gründe benannt werden können.

- Hält man sich vor Augen, dass sich die Frage auf alle stattgefundenen Alkoholfahrten bezieht, ist es natürlich sinnvoll, eine Haltung der Einsicht und des Bedauerns zu zeigen.

Beispiel-Antwort - Fall 1: „Ich machte damals keinerlei Fahrplanung und überließ es dummerweise dem Zufall, ob ich am Zielort trinken und danach auch fahren werde. Nach dem Alkoholkonsum war ich dann oft leichtsinnig und stieg in meinen Wagen ein. Durch die Alkoholwirkung überschätzte ich mich total und redete mir fälschlicherweise ein, alles im Griff zu haben."

Beispiel-Antwort - Fall 2: „Da ich nicht mehr kontrolliert trinken konnte, war die enthemmende Wirkung des Alkohols entsprechend ausgeprägt. In diesem Zustand war ich aus heutiger Sicht überhaupt nicht zurechnungsfähig und traf eine falsche Entscheidung nach der anderen."

28. Frage: Warum glauben Sie, dass Sie zukünftig Trinken und Fahren zuverlässig trennen können?

<u>Sinn der Frage:</u>

- Der Psychologe möchte wissen, ob Sie Techniken anwenden können, die eine erneute Trunkenheitsfahrt unwahrscheinlich machen.

- Interessant ist auch, welche neuen Überzeugungen und Erkenntnisse Ihre Einstellung verändert haben.

<u>Hinweise für eine vorteilhafte Beantwortung:</u>

- In „Fall 1" sollte deutlich gemacht werden, dass auch nach geringen Mengen Alkohol keinesfalls gefahren wird.

- Für „Fall 1" ist ebenfalls wichtig, dass der Betroffene eine sichere Fahrplanung für die Zukunft schildern kann. Zum Beispiel den Wagen zu Hause zu lassen, wenn am Zielort eventuell getrunken wird. Die Planung für die Hin- und Rückfahrt mit öffentlichen Verkehrsmitteln oder einem Taxi sollte unumstößlich sein. Unsichere Versprechungen von Bekannten (z.B. „Vielleicht kannst Du bei uns schlafen" etc.) dürfen keinesfalls dazu führen, doch mit dem eigenen Wagen zur Party zu fahren.

- In „Fall 1" ist auch damit zu argumentieren, dass aufgrund des normalen Trinkens kaum eine enthemmende Wirkung eintritt, die zu unvernünftigem Handeln führt.

- Sehr günstig ist, wenn der Betroffene sich neues Wissen über die Auswirkung von Alkohol auf die Fahrleistung angeeignet hat (siehe nächste Frage). Darüber wird eine neue Einstellung zum Thema „Sicherheit im Straßenverkehr" für den Gutachter nachvollziehbarer.

Beispiel-Antwort - Fall 1: „Ich bin mir sicher, dass ich nie wieder unter Alkoholeinfluss fahren werde, weil mir heute bewusst ist, wie gefährlich mein Verhalten war. Durch die MPU-Vorbereitung habe ich mir diesbezüglich neues Wissen angeeignet und mir ist völlig klar, dass ich keinesfalls jemanden zu Schaden bringen will. Deshalb bleibt der Wagen zukünftig in der Garage, falls ich etwas trinken möchte."

Beispiel-Antwort - Fall 2: „Aufgrund meiner Abstinenz kann mir so etwas nicht mehr passieren. Und eines steht fest: Ich werde den Rest meines Lebens ohne Alkohol verbringen."

29. Frage: Haben Sie sich neues Wissen über die Wirkung von Alkohol auf die Fahrleistung angeeignet?

<u>Sinn der Frage:</u>

- Für den Gutachter ist wichtig zu erfahren, aufgrund welcher neuen Erkenntnisse Sie Ihre Einstellung verändert haben.

- Der Psychologe interessiert sich auch dafür, wie das neue Wissen auf Sie persönlich gewirkt hat.

<u>Hinweise für eine vorteilhafte Beantwortung:</u>

- Es ist von Vorteil zu vermitteln, dass man nach Erhalt der neuen Informationen die begangenen Alkoholfahrten sehr kritisch betrachtet.

Beispiel-Antwort - Fall 1: „In der Beratung habe ich erfahren, dass bereits ab 0,2 Promille folgende Auswirkungen auftreten:

1. Der Tunnelblick verengt das eigene Sehfeld, so dass ein Betrunkener nur noch auf einen kleinen Punkt starrt und für ihn ringsherum alles verschwommen erscheint.

2. Das räumliche Sehen schränkt sich zunehmend ein. Dadurch können Abstände von Fahrzeugen zueinander nicht mehr richtig eingeschätzt werden. Hinzu kommt die Gefahr, dass der Fahrer Geschwindigkeiten falsch einschätzt. Somit entstehen Fehler bei Spurwechseln und Überholvorgängen.

3. Die Blendempfindlichkeit ist erhöht, weil die Pupille sich bei Lichteinwirkung nur verzögert verengt. Demzufolge sind die Sehfähigkeiten des Fahrers für einige Sekunden extrem eingeschränkt.

4. Außerdem nimmt die Reaktionsfähigkeit stark ab. Dadurch können Unfälle entstehen oder die Folgen unvermeidbarer Kollisionen verschlimmert werden.

Beispiel-Antwort - Fall 1: „Als dieses Thema in der Beratung besprochen wurde und ich mich ernsthaft damit beschäftigte, ist es mir eiskalt den Rücken hinunter gelaufen. Da ist mir erst einmal klar geworden, wie viel Glück die anderen hatten, abgesehen von mir selber."

Beispiel-Antwort - Fall 2: „Auch, wenn es mich als Abstinenzler für die Zukunft nicht mehr betrifft, war ich von den Fakten extrem beeindruckt. Ich schämte mich im Nachhinein für die unzähligen Fahrten unter Alkoholeinfluss. Mein Verhalten war völlig verantwortungslos und deshalb war es ein regelrechter Glücksfall, dass man mich aus dem Verkehr gezogen hat."

30. Frage: Wissen Sie, wie lange Ihr Körper benötigt, um 1 Glas Bier 0,2 L, abzubauen? (Nur für „Fall 1")

Sinn der Frage:

- Der Psychologe möchte feststellen, ob Sie sich Kenntnisse in Bezug auf den Alkoholabbau angeeignet haben. Dies ist insofern wichtig, dass Sie in Zukunft durch Nachrechnen eine weitere Möglichkeit hätten, eine erneute Alkoholfahrt zu vermeiden.

- Die Frage ist auch im Zusammenhang zu Fahrten unter Restalkohol von Bedeutung.

Hinweise für eine vorteilhafte Beantwortung:

- Der Betroffene sollte dem Gutachter unbedingt mitteilen, dass er Folgendes weiß: Ein Mann mit einem Körpergewicht von 80 kg benötigt ca. 1 Stunde, um ein kleines Bier abzubauen. Dies entspricht 8g reinen Alkohols bzw. maximal 0,15 Promille. Bei wesentlich leichteren Männern sowie bei Frauen rechnet man mit einem Abbau pro Stunde von 0,1 Promille.

Beispiel-Antwort - Fall 1: „Mir ist durch die MPU-Vorbereitung bekannt, dass ich nur 1 Bier pro Stunde abbauen kann. Ich weiß jetzt auch, wie lange es nach der Alkoholfahrt bzw. Blutabnahme gedauert hätte, um wieder ganz nüchtern zu sein. Da ich damals 1,85 Promille hatte, wäre ich erst nach 15 Stunden wieder fahrtüchtig gewesen. In der damaligen Zeit hätte ich nicht gedacht, dass das so lange dauert. Darüber musste ich jedenfalls einsehen, dass ich, jeweils an Samstagen, öfter mit Restalkohol gefahren sein muss. Nämlich dann, wenn ich freitags viel getrunken und am nächsten Morgen beim Bäcker Brötchen besorgt hatte. Im Nachhinein ist mir der Gedanke daran sehr unangenehm."

Beispiel-Antwort - Fall 2: Entfällt an dieser Stelle aufgrund der abstinenten Lebensführung.

31. Frage: Wie gehen Sie mit Situationen um, in denen andere versuchen, Sie zum Trinken bzw. Weiter- oder Vieltrinken zu überreden (Ablehnungstechniken!)

Sinn der Frage:

- Der Gutachter will herausfinden, ob Sie negativen Einfluss von sich fernhalten können, um nicht wieder hohe Alkoholmengen zu trinken bzw. um nicht alkoholrückfällig zu werden.

- Anhand Ihrer Antwort kann der Psychologe feststellen, ob Sie bereits Erfahrungen mit schwierigen Situationen gemacht haben.

- Nebenbei kann der Gutachter herausbekommen, in welchem Umfeld Sie sich (noch immer?!) bewegen.

Hinweise für eine vorteilhafte Beantwortung:

- Positiv ist, 1-2 Techniken für unterschiedliche Umstände benennen zu können.

- Es ist günstig, von 1-2 Beispiel-Situationen zu berichten, die gut gemeistert wurden. Somit hat der Betroffene aus Sicht des Gutachters bereits Erfahrungen gesammelt und ist für die Zukunft entsprechend vorbereitet.

- Wenn der Betroffene erzählt, dass Personen aus seinem derzeitigen direkten Umfeld ihn zum (vermehrten) Alkoholkonsum überreden wollten, wirkt sich dies auf die Prognose des Psychologen eher negativ aus.

Beispiel-Antwort - Fall 1: „Im letzten Sommerurlaub lernten wir im Hotel ein Paar kennen. Wir verabredeten uns für abends an der Hotelbar, um uns zu unterhalten. Ich hatte nicht vor etwas Alkoholisches zu trinken, da mir nicht danach war. Unser neuer Bekannter wollte allerdings unbedingt eine Runde ausgeben und war enttäuscht, als ich einen Kaffee bestellte. Im Verlaufe des Abends versuchte er noch zwei Mal mich zum Alkohol zu überreden. Ich lehnte jeweils freundlich, aber sehr bestimmt mit dem Hinweis darauf ab, dass ich vielleicht an einem der nächsten Tage etwas mittrinke. Dies gefiel ihm zwar nicht, doch es blieb ihm schließlich nichts anderes übrig, als sich damit abzufinden. Früher hätte ich mich sicher überreden lassen. Mittlerweile gefällt es mir sehr gut, meinen eigenen Willen durchzusetzen, auch wenn meine Entscheidung jemandem nicht passt. Das ist aus meiner heutigen Sicht dessen Problem."

Beispiel-Antwort - Fall 2: „Alle in meinem direkten Umfeld wissen, dass ich nicht mehr trinke. Keiner käme auf die Idee, mich zum Alkoholkonsum zu verleiten. Das Gegenteil ist der Fall, denn meine Leute stehen voll und ganz hinter meinem Abstinenzentschluss. Wenn mir neue Bekannte Alkohol anbieten, reagiere ich unterschiedlich. Im rein privaten Bereich sage ich es so, wie es ist. Dass ich aufgrund eines Alkoholproblems abstinent lebe. Im Geschäftsleben ziehe ich es allerdings vor, Ausreden anzuwenden. Ich erzähle Kunden, ich dürfe momentan nichts trinken, weil ich starke Medikamente einnehme. Durch diese Ablehnungstechnik vermeide ich geschäftliche Nachteile. Immerhin besteht die Möglichkeit, dass ein Kunde sich persönlich zurückgewiesen fühlt, wenn ich ohne eine Erklärung seine Einladung ablehne. Und in dem Fall, wo ich ihm die reine Wahrheit sage, kann es bei mangelndem Verständnis dazu führen, dass er sich einen anderen Lieferanten sucht und obendrein schlecht über mich redet. Jedenfalls komme ich mit solchen typischen „Alkohol-Situationen" sehr gut zurecht."

32. Frage: Könnten Sie konkrete Methoden anwenden, um eine erneute Alkoholfahrt zu vermeiden? (Nur für „Fall 1")

<u>Sinn der Frage:</u>

- Der Psychologe möchte feststellen, ob Sie sich Gedanken darüber gemacht haben, was Sie im Sinne einer „Notbremse" tun könnten.

• Jedoch kann er anhand Ihrer Äußerungen ebenfalls einschätzen, in welchem Ausmaß Sie zukünftig auf Vermeidungstechni-
  ken angewiesen sein dürften.

Hinweise für eine vorteilhafte Beantwortung:

• Einerseits ist es für den Betroffenen günstig, 1-2 Methoden benennen zu können. Andererseits sollte bei dem Psychologen
  nicht der Eindruck entstehen, der „Kunde" sei in Bezug auf eine
  Wiederholungsgefahr unsicher.

Beispiel-Antwort - Fall 1: „Im Rahmen der MPU-Beratung sind wir ein
paar Szenarien durchgegangen. Dabei konzentrierten wir uns auf besondere Situationen, die eventuell verfänglich sind und in denen es
günstig ist, auf eine „Sicherung" zurückgreifen zu können. Letztendlich
habe ich mich dafür entschieden, einen Aufkleber neben dem Zünd-
schloss anzubringen. Er ist klein, aber unübersehbar und eindeutig.
Denn es handelt sich optisch um ein Verbotsschild, auf dem eine Bier-
flasche mit vollem Glas abgebildet ist - beides mit einem roten Balken
durchgestrichen. Der Sinn liegt natürlich darin, nach vorangegangenem
Alkoholkonsum keinesfalls den Zündschlüssel ins Schloss zu stecken.
Allerdings bin ich davon überzeugt, auch ohne den Aufkleber nie wieder
alkoholisiert zu fahren."

33. Frage: Wie wollen Sie es in Zukunft mit dem Alkohol halten?

Sinn der Frage:

• Der Gutachter möchte nicht nur herausfinden, wie Sie weiterhin
  mit dem Alkohol umgehen wollen, sondern auch, in welchem
  Ausmaß Sie von der Durchführbarkeit Ihres Plans überzeugt
  sind.

Hinweise für eine vorteilhafte Beantwortung:

- Der Betroffene sollte unbedingt bei den bisherigen Aussagen zu diesem Thema bleiben.

- Die Antwort muss deutlich machen, dass er hinter dem steht, was er sagt. Deshalb darf die Formulierung auch entsprechend rhetorisch ausfallen.

Beispiel-Antwort - Fall 1: „Ich werde auf jeden Fall bei meinem normalen Trinkverhalten bleiben, weil ich mich damit sehr wohl fühle. Und eines ist mir vollkommen klar: Was mir in meinem Leben auch widerfahren sollte - Vieltrinken ist keine Lösung, sondern verschlimmert die Lage zusätzlich.

Beispiel-Antwort - Fall 2: „Für mich steht mein damals getroffener Entschluss absolut fest: Ich werde den Rest meines Lebens ohne Alkohol verbringen. Durch die Sauferei habe ich mir sehr viel kaputt gemacht. Wenn ich mit dem Trinken wieder anfangen würde, käme dies einer Kapitulation gleich. Im Grunde genommen würde es mein Ende bedeuten. Mittlerweile habe ich mir vieles neu aufgebaut und die Freude am Leben wiedergefunden. Das werde ich keinesfalls aufs Spiel setzen.'

34. Frage: Denken Sie, dass Sie sich zukünftig an die Promillegrenzen halten werden? (Nur für „Fall 1")

Sinn der Frage:

- Der Psychologe will herausbekommen, ob Sie eventuell doch wieder alkoholisiert fahren.

- Im gleichen Zuge kann der Gutachter feststellen, ob Ihnen die Promillegrenzen bekannt sind.

Hinweise für eine vorteilhafte Beantwortung:

- Vor dem Hintergrund der Alkoholauffälligkeit ist es ratsam anzugeben, grundsätzlich mit 0,0 Promille zu fahren.

- In Deutschland existiert neben der Promillegrenze 0,5 auch die Grenze 0,3. Wer also mit einer Promille zwischen 0,3 und 0,49 fahrauffällig wird oder einen Unfall verursacht, muss mit Folgen für seine Fahrerlaubnis rechnen oder kann wegen einer Straftat verurteilt werden.

Beispiel-Antwort - Fall 1: „Ich bin mir sicher, nie wieder alkoholisiert zu fahren. In Zukunft orientiere ich mich keinesfalls an den Promillegrenzen, sondern setze mich ausschließlich mit 0,0 Promille in den Wagen. Immerhin beeinträchtigt Alkohol die Fahrleistung bereits ab 0,2 Promille. Und deshalb werde ich keinerlei Risiko eingehen und wiederholt Menschen oder das Eigentum Anderer in Gefahr bringen."

Allgemeine Frage

35. Frage: Welche Pläne haben Sie für die Zukunft?

<u>Sinn der Frage:</u>

- Der Gutachter möchte wissen, ob Ihre Zukunftsplanung realistisch oder eher wirklichkeitsfremd ist. Sollte sie unrealistisch sein, sind Probleme oder Unzufriedenheit absehbar. In diesem Fall besteht aus Gutachtersicht die erhöhte Wahrscheinlichkeit, dass Sie wieder zum Alkohol greifen bzw. Alkoholmissbrauch betreiben.

<u>Hinweise für eine vorteilhafte Beantwortung:</u>

- Wer mit seinem Leben zufrieden ist, hat entweder keine konkreten Pläne oder es handelt sich um nachvollziehbare Absichten in überschaubarer Anzahl.

- Günstig sind Vorhaben, bei denen es um die Festigung von bereits Erreichtem oder um eine Verbesserung geht. Beispiele: berufliche Weiterbildung, Heirat und Kinderwunsch oder ein Umzug.

- Der jeweilige Plan sollte auch in zeitlicher sowie finanzieller Hinsicht realistisch sein.

Beispiel-Antwort - Fall 1: „Da es in der Beziehung zwischen meiner Partnerin und mir so gut läuft, werden wir in drei Monaten zusammenziehen. Immerhin sind wir zwei Jahre glücklich miteinander und denken beide, dass für diesen Schritt jetzt die Zeit gekommen ist. Außerdem habe ich geplant, ein paar Lehrgänge zu besuchen, um meine Position in der Firma zu verbessern."

Beispiel-Antwort - Fall 2: „In erster Linie möchte ich in nächster Zeit meinen ältesten Sohn bei seinem Hausbau unterstützen. Er hat einiges um die Ohren und ist froh, wenn ich ihm unter die Arme greife. Ein anderer Plan von mir ist, in der Selbsthilfegruppe weiter aktiv zu bleiben. Ich habe in Absprache mit dem Gruppenleiter vor, im überschaubaren Rahmen neue Mitglieder zu betreuen. Mir ist allerdings auch klar, dass ich mich im Gesamten nicht überfordern darf. Ich denke, ich schaffe das und freue mich auf die vor mir liegenden Aufgaben."

7.11 Tipps zum Verinnerlichen

Wie Sie wissen, sitzt in der MPU kein Roboter vor Ihnen, sondern ein Mensch. Damit will ich einen klaren Hinweis darauf geben, dass Ihr Gutachter die Fragen teilweise auch anders formulieren wird. Deshalb ist es nicht sinnvoll, die Fragen und Ihre erarbeiteten Antworten stur auswendig zu lernen. Von daher ist es für Sie günstiger, wenn Sie die Fragen öfter umformulieren und die dazugehörige Antwort im Auge behalten. So können Sie im Gutachtergespräch entsprechend sicher und flexibel reagieren.

Beachten Sie beim Ausformulieren der Antworten unbedingt Ihren eigenen Sprachstil. Wählen Sie die Worte so, dass Sie zu Ihrer Persönlichkeit passen. Dadurch steigern Sie Ihre Glaubwürdigkeit und es wird Ihnen leichter fallen, hinter dem, was Sie sagen, auch zu stehen!

Dem Thema „Innerer Auslöser" sollten Sie besondere Aufmerksamkeit widmen. Wählen Sie Formulierungen, die authentisch und im richtigen Moment abrufbar sind. Das erwähne ich hier, weil es in der MPU nicht unbedingt einfach ist, einem „wildfremden" Psychologen etwas über persönliche Schwächen zu erzählen. Immerhin wird das Gespräch von einer gewissen Anspannung oder auch Nervosität begleitet sein. Dies ist zwar natürlich, sollte aber nicht dazu führen, dass Sie Informationen „unter den Teppich kehren" oder sich „um Kopf und Kragen reden".

Bedenken Sie, dass die Darstellung zur Entwicklung Ihres Trinkverhaltens eine zusammenhängende Geschichte ist. Diese wird allerdings durch die Fragen des Psychologen regelrecht „zerhackt". Fügen Sie die Einzelteile wieder zusammen, indem Sie die Darstellung an einem Stück schreiben. Somit haben Sie später in der MPU einen besseren Überblick und können zusätzlich die Gefahr verringern, im Gespräch aus dem Konzept zu kommen. Gehen Sie wie folgt vor:

- Beginnen Sie mit den ersten Erfahrungen in Bezug auf Alkohol und beschreiben Sie Ihr weiteres Trinkverhalten.
- Fahren Sie mit dem äußeren Auslöser und Ihren damaligen Empfindungen fort.
- Schildern Sie danach die negative Änderung des Umgangs mit Alkohol.
- Anschließend widmen Sie sich dem Tattag und den Reaktionen auf den Führerscheinentzug.
- Im Anschluss konzentrieren Sie sich auf die Erkenntnisse aus den Gesprächen im Umfeld und mit dem MPU-Berater und/oder Therapeuten. Erläutern Sie in diesem Zusammenhang Ihre neuen Einsichten zu folgenden Themen: äußere und innere

Auslöser, Funktion des Alkohols und Ursachen für Alkoholfahrten.

- Abschließend schildern Sie Ihre persönlichen Lösungen in Bezug auf diese Themen, den geänderten Umgang mit Alkohol und Techniken zur Vermeidung von Alkoholfahrten.

Überprüfen Sie Ihre Darstellung auf Schlüssigkeit und beginnen Sie damit, sie zu verinnerlichen.

Wenn Sie den Eindruck haben, reif für einen ersten Test zu sein, sollten Sie darüber nachdenken, welche Person Sie abfragen könnte. Fassen Sie nur Menschen ins Auge, die Sie gut kennen. Allerdings muss die ausgewählte Person für die Befragungssituation die nötige Ernsthaftigkeit mitbringen. Außerdem sollte sich der Abfragende in erster Linie auf die Überprüfung der inhaltlichen Vollständigkeit konzentrieren. Denn die Form wird er nur subjektiv beurteilen können, was eventuell eher zu Ihrer Verunsicherung beitragen würde.

Lassen Sie sich mehrfach abfragen, bis Sie in Ihren Beantwortungen keinerlei Auslassungen mehr feststellen und Sie ein gesundes Sicherheitsgefühl erlangt haben.

7.12 Prüfungsangst? Überwinden Sie sie!

Aus der Beratungserfahrung heraus kann ich sagen, dass vor Beratungsbeginn gut zwei Drittel der Klienten eine deutliche Furcht vor der MPU haben. Nach der Beratung schmilzt die Anzahl der Ängstlichen auf unter ein Drittel zusammen. Diese Tatsache ist deshalb interessant, weil Sie daran eine der Ursachen für die Angst erkennen können: mangelndes Wissen über die Hintergründe der MPU.

Im Vergleich zu einer schulischen Prüfung sind Sie bereits zu diesem Zeitpunkt wesentlich genauer darüber informiert, was auf Sie zukommt. Vor einer Abschlussprüfung erfahren Sie vorher bestenfalls etwas über die Themen, die abgefragt werden. Aber die relevanten Fragen, die zu beantworten sind, kennen Sie nicht.

Es müsste also zu Ihrer Beruhigung beitragen, dass Sie schon jetzt wissen, was in der MPU gefragt wird, und wie Sie antworten könnten. Möglicherweise gehören Sie jedoch zu denen, die sich momentan immer noch fürchten?! Falls ja, werden wir gemeinsam versuchen, das Problem in den Griff zu bekommen. Jedenfalls weitestgehend, denn eine gewisse Rest-Furcht oder ein ausgeprägter Respekt vor der MPU ist völlig normal und sollte kein Grund zur Sorge sein.

Die Angst zu verdrängen, macht keinen Sinn. Denn sie ist ja tatsächlich vorhanden und meldet sich zu irgendeinem Zeitpunkt zurück. Und gerade weil wir nicht mehr mit ihr rechnen, besteht die Gefahr, dass sie plötzlich zurückkehrt und die Situation beherrscht. Deshalb sollten Sie sich keinesfalls einreden, Sie seien die Ruhe in Person, obwohl Sie nur bei dem Gedanken an die MPU schon Schweißausbrüche bekommen. Akzeptieren Sie Ihre Furcht, weil dies die einzige Möglichkeit zu ihrer Überwindung ist.

Ebenfalls kann ich nicht empfehlen, die Angst mit oberflächlichen Coaching-Methoden („Chaka-Chaka" u.ä.) besiegen zu wollen. Auch von esoterischen Lösungen wie sogenannten Affirmationen („Ich bin ein göttliches Wesen und voller positiver Energie" u.a.) lassen Sie lieber die Finger. Stattdessen rate ich Ihnen, sich der Angst zu stellen und wie folgt vorzugehen:

„Phase 1": Suchen Sie sich ein ruhiges Plätzchen, schließen Sie die Augen und gehen Sie in Ihrer Vorstellung davon aus, die MPU völlig zu

„vergeigen". Sie versagen in jeder Situation und erhalten am Ende des Gesprächs mit dem Gutachter einen negativen Bescheid.
Denken Sie anschließend darüber nach, welche konkreten Folgen dies für Sie hätte.
Versuchen Sie dann, diese unerwünschten Ereignisse einschließlich der damit verbundenen Emotionen anzunehmen - sich abzufinden.

„Phase 2": Nach ein paar Tagen wiederholen Sie das Ganze, allerdings umgekehrt. Sie lösen jede Aufgabe in der MPU mit Leichtigkeit und bekommen von dem Psychologen ein günstiges Ergebnis mitgeteilt. Stellen Sie sich im Anschluss daran die positiven Folgen vor und nehmen Sie sie innerlich an.

„Phase 3": Machen Sie sich bewusst, was Sie schon alles getan haben, um ein Scheitern zu vermeiden. Beruhigend ist, dass Sie sich wahrscheinlich bereits in diesem Moment in der 3. Phase befinden. Denn durch das Lesen dieses Buches und anderen Aktivitäten haben Sie schon vieles getan, um einen Misserfolg abzuwenden. Sie sollten auch nicht vergessen, dass Sie bis zur MPU noch weitere Dinge erledigen werden. Der Rest, also wie die Sache tatsächlich zu Ende geht, liegt nicht mehr in Ihren Händen. Je größer Ihre Akzeptanz in diesem Punkt ist, desto besser. Sie haben alles getan, was möglich war und lassen die Dinge nun auf sich zukommen.

Somit können Sie mit einem guten Gewissen sich selber und den Gutachtern gegenüber zur MPU gehen. Denken Sie positiv und geben Sie einem möglichen Fehlschlag innerlich keinen Raum. Sollten Sie trotzdem am Tage der MPU vor Ihrer Untersuchung noch Angst verspüren, sollten Sie diese zulassen, anstatt sich dagegen zu wehren. Die Wahrscheinlichkeit, dass sie sich von selber auflöst ist hoch.

<u>Übrigens:</u> Abgesehen von den persönlichen Folgen einer negativen MPU, sind die tatsächlichen Auswirkungen oftmals weit weniger dramatisch, als der Betroffene glaubt. Denn viele können nach drei bis sechs

Monaten erneut zur Untersuchung, um sie dann erfolgreich zum Abschluss zu bringen.

Die Ausnahmen bilden diejenigen, die völlig unzureichend vorbereitet zur MPU gehen. Oftmals fehlen in diesen Fällen die erforderlichen medizinischen Nachweise und/oder die Bescheinigung eines Kursanbieters oder Beraters.

8. Medizinische Untersuchung in der MPU

Warum müssen Sie sich überhaupt einer ärztlichen Begutachtung unterziehen? Einerseits, um feststellen zu können, ob Sie normal mit Alkohol umgehen bzw. abstinent leben. Andererseits, damit durch den
Mediziner geklärt werden kann, ob es aufgrund übermäßigen Alkoholkonsums zu körperlichen Schäden gekommen ist, die die Kraftfahrtauglichkeit einschränken oder sogar ausschließen.

Wenn Alkohol übermäßig über einen längeren Zeitraum konsumiert
worden ist, hinterlässt er oftmals medizinische Spuren. Deshalb „fahn-
det" der Arzt in der MPU nach typischen Symptomen und Erkrankungen. In der Regel werden die nachfolgend beschriebenen unterschiedlichen Untersuchungen durchgeführt.

Darüber hinaus können im Zuge der Untersuchung auch Erkrankungen
ermittelt werden, die Ihre Fähigkeit zum Führen von Kraftfahrzeugen
grundsätzlich in Frage stellen:

 ➢ Herzerkrankungen, insbesondere Herzinfarkt
 ➢ Schlaganfall
 ➢ Epilepsie
 ➢ Diabetes

Falls Sie eine oder mehrere der aufgeführten Erkrankungen haben,
müssen Sie in der MPU nachweisen können, über einen ausreichend
langen Zeitraum geheilt oder mit Medikamenten sicher eingestellt zu
sein. Dazu benötigen Sie ein Attest des behandelnden Facharztes, welches aussagt, ob bzw. nach welchem Zeitraum (z.B. nach ½-jähriger
oder 1-jähriger Behandlung) Sie wieder fahrtüchtig sind.

8.1 Die Themen im Arztgespräch

Allgemeiner Gesundheitszustand und Medikamentenkonsum

Der Hintergrund: Durch die Angaben können sich Hinweise auf eine aktuelle Alkoholproblematik, Erkrankungen oder Medikamenten-Nebenwirkungen ergeben, die einer Fahrtüchtigkeit entgegenstehen.

Alkoholkonsum

Der Hintergrund: Der Arzt bespricht die Antworten des Betroffenen später mit dem Psychologen. Das ist sinnvoll, weil dieser dieselben Fragen stellt und man nun die Aussagen miteinander vergleichen kann. Grobe Widersprüche können ein negatives Gutachten nach sich ziehen!

Tabakkonsum

Der Hintergrund: Da starkes und langjähriges Rauchen eine Sucht darstellt, kann die Angabe von intensivem Konsum das Untersuchungsergebnis negativ beeinflussen.

Alkoholismus und Drogen- bzw. Medikamentenabhängigkeit in der Familie

Der Hintergrund: Weil das Entstehen von Alkoholismus durch genetische Faktoren begünstigt werden kann, wäre, je nach Fall, eine sehr offene Antwort nachteilig. Dies gilt auch für eine Drogensucht oder Medikamentenabhängigkeit.

Medizinische Symptome:

Schlafstörungen, Appetitlosigkeit, Magenbeschwerden, allgemeine Nervosität, Bewusstseins- und/oder Orientierungsstörungen

Der Hintergrund: Starker Alkoholmissbrauch führt i.d.R. zu den ange-
führten Symptomen, die, je nach Stärke des Konsums, mehr oder weniger ausgeprägt sein können.

8.2 Neurologische Prüfverfahren

Der Hintergrund: Alkohol ist ein Nervengift und schädigt demzufolge bei
übermäßigem Konsum das Nervensystem. Durch einige kleine Tests
kann der Arzt feststellen, ob bzw. in welchem Ausmaß dies bereits der
Fall ist. Unsicherheiten bei der Durchführung der jeweiligen Aufgabe
können sich für den „Kunden" nachteilig auswirken. Folgende Methoden kommen in der Regel zur Anwendung:

Finger-Finger Versuch

Erläuterung: Der Betroffene soll beide Arme seitlich vom Körper in
Höhe der Schultern ausstrecken. Anschließend sind bei geschlossenen
Augen die Arme nach vorne zu bewegen und die Zeigefinger zusam-
men zu führen, so dass sich die Fingerspitzen berühren.

Finger-Nase Versuch

Erläuterung: Der „Kunde" soll einen Arm nach unten hängend vor dem
Körper positionieren und versuchen, bei geschlossenen Augen in einer
Aufwärtsbewegung des Arms mit dem Zeigefinger die Nasenspitze zu
treffen.

Seiltänzergang

Erläuterung: Der Proband wird zunächst mehrere Male um die eigene
Achse gedreht. Im Anschluss soll er die Arme nach vorne ausstrecken
und probieren, über eine Linie am Boden zu gehen, indem er einen Fuß
vor den anderen setzt.

Blindgang

Erläuterung: Der Betroffene soll die Arme nach vorne ausstrecken und versuchen, mit geschlossenen Augen geradeaus zu gehen, indem er einen Fuß vor den anderen setzt.

Einbeinig stehen

Erläuterung: Es soll versucht werden, einen Moment auf nur einem Bein zu stehen, anschließend auf dem anderen Bein.

Romberg Versuch

Erläuterung: Der Proband soll sich breitbeinig hinstellen (Abstand der Füße ca. 25 cm), die Arme seitlich hängen lassen und die Augen schließen. Dabei kann es vorkommen, dass der Stand unsicher wird, weil der Betroffene hin und her wankt.

Ausstrecken einer Hand bzw. beider Hände

Erläuterung: Die Hand/Hände sollen mit abgespreizten Fingern nach vorne ausgestreckt werden. Der Arzt achtet dabei auf Zittern einzelner Finger bzw. der ganzen Hand.

Weitere Untersuchungen:

- ➢ Reflextest
- ➢ Sehtest
- ➢ Messung des Blutdrucks (unbedingt vorab vom Hausarzt untersuchen lassen!)
- ➢ Messung der Pulsfrequenz
- ➢ Beschau der Haut im Gesichts- Hals- und Brustbereich. Möglicherweise ist es durch den Alkoholkonsum zu Hautveränderungen gekommen (Teleangiektasien und Spider Naevi = rote Pünktchen oder Äderchen).

Hinweis:

Sollten Sie Veränderungen bemerken, können Sie einen Termin beim Hausarzt vereinbaren, um für Abklärung zu sorgen. Evtl. lassen sich die Hautzeichen per Laser entfernen.

➢ Abgabe einer Urinprobe zwecks Untersuchung auf Diabetes anhand eines Teststreifens.

➢ Blutabnahme, um die Leberwerte und alkoholrelevanten Blutwerte festzustellen.

➢ Auf Wunsch des Betroffenen erfolgt die Entnahme einer Haarprobe vom Kopf zum Nachweis der Alkoholabstinenz.

Die gesamte Untersuchungsdauer beträgt nur rund 15 Minuten. Trotzdem sollten Sie konzentriert sein und eines bedenken: Der Arzt in der MPU ist nicht in der Rolle des Heilers und Helfers, sondern in der eines medizinischen Gutachters. Deshalb muss sich sein Verhalten nicht unbedingt mit Ihren Erfahrungen in Bezug auf Ärzte decken. Sicherlich sind Sie es eher gewohnt, freundlich behandelt zu werden. Keine Sorge, ich will Ihnen an diesem Punkt nicht mitteilen, dass von dem Mediziner in der MPU etwas anderes zu erwarten ist.

Aber möglicherweise passiert es, dass er Sie recht beharrlich zu Ihren Trinkgewohnheiten befragt oder auch mal mitteilt, Ihnen nicht zu glauben. Dies könnte Sie nervös oder ärgerlich machen, was unter Umständen bestimmte Symptome bei Ihnen hervorruft: Zum Beispiel Schwitzen, Zittern und ein erhöhter Puls bzw. Blutdruck. In der Folge wirken sich diese Untersuchungsergebnisse eventuell negativ für Sie aus. Aus diesem Grund empfehle ich, dem Arzt gegenüber zwar offen und freundlich aufzutreten, sich jedoch innerlich von ihm zu distanzieren. Somit können Sie unangenehme Überraschungen vermeiden, falls sich der Arzt nicht wie der „gute Onkel Doktor" benimmt.

Wie Sie festgestellt haben, sind bezüglich der medizinischen Untersuchung einige Dinge zu beachten. Wenn Sie sich allerdings entsprechend darauf vorbereiten, können Sie auch diesen Teil der MPU beruhigt auf sich zukommen lassen.

9. Psychologische Leistungstests

Diese Tests dienen dazu, die Konzentrations- und Wahrnehmungsfähigkeit sowie das Reaktionsvermögen des Betroffenen zu untersuchen. Dazu kommen verschiedene Verfahren zur Anwendung, die fast alle eines gemeinsam haben: Die Leistungsfähigkeit des Probanden wird unter ansteigenden Anforderungen auf die Probe gestellt.

Das liest sich für Sie beängstigend? Seien Sie unbesorgt, denn über 90 % meiner Klienten hatten keine Probleme damit, die Mindestanforderungen zu erfüllen. Daraus lässt sich der Schluss ziehen, dass Menschen mit normalen Fähigkeiten in den Bereichen Reaktion und Konzentration die Leistungstests schaffen.

Beruhigend ist weiterhin, dass ein alternativer Test absolviert werden kann, um die schlechte Leistung eines Einzeltests auszugleichen. Wird dabei das Leistungsziel verfehlt, wird von den Untersuchungsstellen angeboten, sich einem Fahrverhaltenstest zu unterziehen (Anmerkung: Voraussetzung ist eine positive Bewertung im medizinischen und psychologischen Untersuchungsteil). Dazu wird ein Termin zu einer Fahrprobe bzw. Fahrverhaltensbeobachtung vereinbart, der ähnlich abläuft wie die praktische Prüfung zum Führerschein. Macht der Fahrer alles richtig, erwartet ihn ein positives Gutachten.

Hinweis:

Vor Testbeginn wird Ihnen der Gutachter den jeweils anstehenden Test ausführlich erklären. Wenn Ihnen trotzdem etwas unklar sein sollte, teilen Sie dies unbedingt mit. Beginnen sollte der Test erst dann, wenn Sie alles verstanden haben.

Anschauen können Sie sich die aktuellen Test auch vorab im Internet auf folgender Seite: www.Tuev-Sued.de

Extra-Tipp:

Sie wollen ganz auf „Nr.-Sicher" gehen? Dann vereinbaren Sie einen Termin bei einer MPU-Stelle in Ihrer Umgebung, um die Tests vor Ihrer MPU zu „testen". Teilen Sie der Sekretärin telefonisch mit, dass Ihnen eine MPU bevorsteht und Sie gerne die Leistungstests vorab machen möchten, um besser vorbereitet zu sein. Erfragen Sie im Gespräch auch die genauen Kosten für den Termin, denn er muss vor Ort bar bezahlt werden.

10. Abschließende Tipps

Sie benötigen folgende Dinge, die am Tag der Untersuchung zur MPU-Stelle mitgenommen werden müssen:

➢ Brille oder Zweitbrille (falls notwendig)
➢ Personalausweis
➢ Terminschreiben der MPU-Stelle
➢ Laborwertberichte
➢ Bescheinigung über Abstinenz-Check (falls gegeben)
➢ Bescheinigung über Suchtberatung/Therapie (falls beansprucht)
➢ Bescheinigung von Selbsthilfegruppe (falls besucht)
➢ Bescheinigung einer Klinik (im Falle einer klinischen Entgiftung/Therapie)
➢ Bargeld zur Bezahlung der Untersuchungsgebühr (falls diese nicht vorab von Ihnen überwiesen wurde)

10.1 Vor Ihrer MPU

Mittlerweile ist Ihnen völlig klar, dass die MPU etwas Besonderes darstellt. Sie erfordert neben einer hochwertigen Vorbereitung Ihre volle Aufmerksamkeit und eine gesunde Nervenstärke. Deshalb rate ich Ihnen, sich ausreichend lange vor der Untersuchung keine größeren Projekte vorzunehmen. Ebenfalls sollten Sie versuchen, wichtige Entscheidungen in den bedeutsamen Lebensbereichen erst nach der MPU zu treffen. Insbesondere dann, wenn es um Dinge geht, die Ihre Nerven oder Emotionen belasten.

Im Einzelfall kann es auch besser sein, gewisse Aufgaben oder Probleme vor der MPU anzugehen. Allerdings sollten Sie darüber nachdenken, welchen Einfluss dies auf Ihre MPU haben könnte. Jedenfalls ist es von großem Vorteil, wenn Sie ausgeglichen und mit einem „freien Kopf" in die Untersuchung gehen.

Es gibt immer wieder Klienten, die die Bedeutung des beschriebenen Sachverhalts unterschätzen und somit den Erfolg ihrer eigenen MPU gefährden. Zur abschließenden Verdeutlichung ein Negativ-Beispiel:

Obwohl der ungefähre MPU-Termin seit Monaten bekannt war, traf ein Klient vier Wochen vor der Untersuchung noch folgende Entscheidungen:

- Abteilungswechsel in der Firma
- Trennung von der Partnerin
- Wohnungsumzug

Sicherlich können Sie sich vorstellen, in welchem Zustand der Betroffene zu unserer MPU-Simulation erschien. An seine „Leistung" in dieser Generalprobe möchte ich mich lieber nicht zurückerinnern, ganz zu schweigen von seiner Stimmung gegen Ende des Abschlussgesprächs. Machen Sie es besser!

11. Das Gutachten ist angekommen

Die Zeit des bangen Wartens hat ein Ende gefunden - sie entdecken den großen Umschlag der MPU-Stelle im Briefkasten und wissen, dass sich darin Ihr Gutachten befindet. Ersparen Sie es sich, den gesamten Inhalt zu lesen. Interessant ist zunächst nur die erste Seite ganz oben mit der Zusammenfassung des Ergebnisses bzw. die letzten beiden Seiten, vor allem der Text unter folgender Überschrift: „Beantwortung der Fragestellung".

11.1 Positives Gutachten

Sie sind positiv begutachtet worden, wenn die behördliche Frage wie folgt beantwortet wurde: „Es ist nicht oder nicht mehr zu erwarten, dass Herr/Frau X auch zukünftig ein Kraftfahrzeug unter Alkoholeinfluss führen wird".

Wie sollten Sie weiter vorgehen? Wenn Sie Ihr Gutachten erhalten haben, liegt Ihre Fahrerakte wahrscheinlich noch nicht beim Amt vor. Dies verzögert die Vorlage des Gutachtens um 1-2 Tage. Gedulden Sie sich also noch ein wenig und rufen Sie erst nach dieser Zeitspanne Ihren zuständigen Sachbearbeiter an. Teilen Sie ihm dann mit, Ihr Gutachten persönlich einreichen zu wollen.

Im Termin werden Sie sehen, dass sich der Beamte auch auf die letzten Seiten des Gutachtens konzentrieren wird. Wenn er die günstige Beurteilung gelesen hat, muss er Ihnen eine Fahrerlaubnis erteilen. Voraussetzung dafür: Die gerichtliche Sperrfrist ist abgelaufen. Falls nicht, müssten Sie sich noch bis zum Ende dieser Frist gedulden.

11.2 Gutachten mit Kursempfehlung

In diesem Fall lesen Sie von Defiziten, die während der Untersuchung festgestellt worden sind. Weiter unten heißt es: „Oben erwähnte Defizite können jedoch durch die Teilnahme an einem Nachschulungskurs (§ 70 FeVO) ausgeräumt werden".

Mit dem Gutachten verfahren Sie so, wie mit einer positiven Bewertung. Nach Vorlage beim Amt erhalten Sie von dem Sachbearbeiter Prospekte von Anbietern solcher Kurse. Wenn Sie es eilig haben, rufen Sie alle Institute an, um sich für das zu entscheiden, wo der Kurs als Nächstes beginnt. Sonst wählen Sie die Einrichtung, die räumlich am besten für Sie erreichbar ist.

Was Sie über den Kurs wissen sollten

> - Alle Gruppenteilnehmer sind mit Alkohol am Steuer aufgefallen
> - Ein Leistungsanspruch besteht zwar nicht, aber zeigen Sie trotzdem Bereitschaft zur Mitarbeit
> - Der Kurs wird von einem Psychologen geleitet
> - Die Dauer beträgt i.d.R. drei oder vier halbe Samstage
> - Vermeiden Sie es, sich krank zu melden
> - Erscheinen Sie pünktlich und nehmen Sie die Termine jeweils bis zum Schluss der Veranstaltung wahr
> - Verhalten Sie sich den anderen Gruppenteilnehmern und dem Leiter gegenüber kooperativ
> - Eines sollte völlig klar sein: Eine „mitgebrachte Alkoholfahne" führt zum Ausschluss!
> - Am letzten Kurstag bekommen Sie eine Abschlussbescheinigung. Wenn Sie diese dem Beamten der Führerscheinstelle vorlegen, erhalten Sie Ihre Fahrerlaubnis zurück. Auch hierfür gilt die Voraussetzung, dass die gerichtliche Sperrfrist abgelaufen sein muss.

11.3   Negatives Gutachten

In diesem völlig unerwünschten Fall ist die Antwort auf die Frage der Behörde wie folgt zu lesen: „Es ist (derzeit noch) zu erwarten, dass Herr X auch zukünftig ein Kraftfahrzeug unter Alkoholeinfluss führen wird".
Wie können Sie nun vorgehen? Wenn der erste Ärger verraucht ist, sollten Sie das Gutachten in aller Ruhe lesen. Konzentrieren Sie sich besonders auf die Feststellungen und Begründungen gegen Ende der Beurteilung.

Möglichkeit A: Sie erklären sich einverstanden

Wenn die Argumentation der MPU-Stelle für Sie nachvollziehbar ist, werden Sie den Empfehlungen am Schluss des Gutachtens am ehesten zustimmen können.

Empfehlungen werden beispielsweise wie folgt formuliert:
„Wir empfehlen, die begonnene Maßnahme fortzusetzen, um die Einsichten zu den Hintergründen des früheren Trinkverhaltens weiter zu vertiefen. Eine erneute Untersuchung sollte nicht vor Ablauf eines halben Jahres stattfinden"

oder

Zur Bearbeitung und stabilen Veränderung des Verhaltens in den ungelösten Problembereichen halten wir zunächst die Entwicklung bzw. Förderung von Problemeinsicht und Problemakzeptanz für notwendig. Darauf aufbauend sind bei Herrn X angemessene Schritte der Zielabsicherung sowie die dazu notwendigen verkehrspsychologisch orientierten Rehabilitationsprozesse erforderlich. Ein diese Prozessschritte berücksichtigendes Rehabilitationsprogramm sollte den Anforderungen an ein wissenschaftlich begründetes verkehrspsychologisches Behandlungs-konzept genügen, dessen Geeignetheit durch ein unabhängiges wis-senschaftliches Gutachten bestätigt worden ist. Darüber hinaus sollten evaluierte Methoden zum Einsatz kommen, deren Umsetzung quali-tätsgesichert wird. Die Durchführung.....

Das liest sich schrecklich? Da gebe ich Ihnen völlig recht. Das bedeu-ten diese kaum verständlichen Aussagen: Sie sind mit negativem Er-gebnis begutachtet worden und sollten die begonnene Suchtberatung fortführen bzw. durch eine geeignete Maßnahme die abstinente Le-bensführung stabilisieren.

Grundsätzlich ist Ihnen und mir klar, dass Sie auf die Forderungen der MPU-Stelle lieber verzichten würden. Jedoch kommen Sie an diesem Punkt nur weiter, wenn Sie „in den sauren Apfel beißen". Was ist zu tun?

1. Option: Sie gehen den Weg über das Amt oder eine MPU-Stelle.

Erkundigen Sie sich bei der für Sie zuständigen Straßenverkehrsbehör-de nach Prospekten von in Frage kommenden Instituten. Alternativ können Sie auch einen Termin für ein Beratungsgespräch über den Kontakt zu einer MPU-Stelle vereinbaren.
Jedenfalls erwartet Sie i.d.R. eine zweimonatige, halb- oder ganzjährige therapeutische Maßnahme bei einem größeren Institut. Die meisten Termine finden in einer Gruppe statt. Einzeltermine werden individuell vereinbart. Am Ende der Therapie erhalten Sie eine Bescheinigung, die bei der nächsten MPU vorzulegen ist. Während der therapeutischen Maßnahme müssen im Regelfall medizinische Nachweise über eine abstinente Lebensführung erbracht werden.

2. Option: Sie gehen den alternativen Weg.

Es könnte verschiedene Gründe geben, sich für diesen Weg zu ent-
scheiden:
- Sie möchten intensiv beraten werden und bevorzugen deshalb
  Einzelsitzungen
- Die sich anbietenden Institute sind für Sie persönlich eher
  schwierig zu erreichen
- Sie fühlen sich im Erstgespräch nicht gut aufgehoben
- Ihnen sind die Kosten zu hoch

Entweder erkundigen Sie sich bei einem im Verkehrsrecht erfahrenen
Rechtsanwalt nach einem versierten Sucht- und/oder MPU-Berater
oder recherchieren in den „Gelben Seiten" bzw. im Internet.

Wohin mit dem negativen Gutachten?

1. Option: Aufgrund Ihres Einverständnisses mit der Bewertung können
Sie das Gutachten beim Amt einreichen, müssen das aber nicht tun. In
dem Fall, wo Sie z.B. mit einigen Interpretationen des Psychologen
nicht einverstanden sind, wäre dies ein guter Grund, sich dagegen zu
entscheiden. Trotzdem sollten Sie einen persönlichen Gesprächstermin
beim Amt vereinbaren, um das Untersuchungsergebnis mitzuteilen.

2. Option: Wenn Sie sich für den alternativen Weg entschieden haben,
ist es ratsam das Gutachten nicht beim Amt einzureichen. Ansonsten
besteht die Möglichkeit, dass der nächste Gutachter Ihnen vorhält, sich
nicht exakt an die Empfehlungen des ersten Gutachters gehalten zu
haben.

Hinweis:

Wenn Ihr Gutachten zum Teil positiv ist, da Sie die leistungspsychologischen Tests bestanden haben, könnte man dies als Grund ansehen, um das Gutachten doch beim Amt abzugeben. Denn bei der zweiten MPU würden Sie dadurch Geld einsparen, weil die MPU-Stelle auf eine erneute leistungspsychologische Untersuchung verzichtet. Trotzdem rate ich, das Gutachten nicht abzugeben, damit der nächste Gutachter einen unverstellten Blick erhält, was letztendlich Ihre Erfolgsaussichten erhöht.

Möglichkeit B: Sie erklären sich <u>nicht</u> einverstanden.

Wenn Sie weder mit dem Ergebnis noch mit den Begründungen des Psychologen einverstanden sind, stehen wiederum zwei Optionen zur Auswahl.

<u>1. Option:</u> Besorgen sich vom Amt oder von einer MPU-Stelle Prospekte von Therapie-Anbietern. Dort können Sie einen Termin für ein Info-Gespräch vereinbaren. Dazu nehmen Sie Ihr negatives Gutachten mit, um sich von dem Berater erläutern zu lassen, warum der Psychologe Sie ungünstig beurteilt hat und was nun zu tun ist.

Hinweis:

Gehen Sie nicht davon aus, dass der beratende Psychologe sich auf Ihre Seite stellt und gegen seinen Kollegen „wettert". Falls Sie letztendlich aber doch von dem Berater überzeugt sind, können Sie weiter so vorgehen, wie oben unter „Möglichkeit A" beschrieben.

<u>2. Option:</u> Vereinbaren Sie bei einem unabhängigen Institut bzw. Berater einen Termin für ein Info-Gespräch. Sie fragen sich vielleicht, was das bringen soll. Erfahrene, freie Berater sind eher bereit und fähig, vermeintlich vorgegebene Pfade zu verlassen als ihre „offiziellen" Kollegen. Und etwas Kreativität ist in so manchem Fall definitiv gefragt. Dazu ein Beispiel:

Stellen Sie sich vor, ein Betroffener (Ersttäter unter 1,8 Promille) hat nicht die Notwendigkeit erkannt, sich professionell auf die MPU vorbereiten zu lassen. Stattdessen klaubt er sich vor der Untersuchung Informationen aus dem Internet und von Bekannten zusammen. Ein Ex-Betroffener rät ihm, er solle auf jeden Fall dem Gutachter erzählen, dass er gar nichts mehr trinkt. Ansonsten hätte er keinerlei Chance, den Test zu bestehen. Obwohl der Alkoholfahrer ohne Probleme kontrolliert trinken kann, nimmt er sich vor, dem Rat des Bekannten zu folgen.

So berichtet der Proband dem Psychologen und Arzt in der MPU, dass er abstinent lebt. Allerdings fehlen Belege, mit denen er dies nachweisen könnte. Demzufolge fällt das Gutachten negativ aus. Würde der Betroffene sich nun Rat bei einer MPU-Stelle bzw. einem großen Kursanbieter holen, ist die Wahrscheinlichkeit sehr groß, dass Folgendes passiert: Man teilt ihm mit, er müsse aufgrund seines Alkoholproblems Abstinenznachweise sammeln, um frühestens in einem halben Jahr eine neue MPU zu machen. Außerdem solle er eine therapeutische Maßnahme beanspruchen. Einen anderen Weg gäbe es für ihn nicht

Sollte das negative Gutachten vom Betroffenen (wider besseren Wissens) beim Amt eingereicht worden sein, könnte er in dieser „MPU-Sackgasse" stecken bleiben. Wahrscheinlich für lange Zeit, denn er würde ohne Abstinenznachweise immer wieder eine ungünstige Beurteilung bekommen. Gleiches gilt für den Fall, dass das Gutachten zwar nicht abgegeben worden ist, aber der Betroffene in seiner nächsten MPU den Psychologen mit einer ähnlichen Darstellung konfrontiert.
Wie kann dieser „Teufelskreis" durchbrochen werden? Entweder führt der Weg des unglücklichen Ex-Autofahrers zu einem fähigen unabhängigen Berater oder er findet sich mit seinem Schicksal ab. Was natürlich bedeutet, dass er die Anforderungen der MPU-Stelle erfüllt, obwohl er das unterstellte Problem gar nicht hat und er obendrein eine weitere Menge Geld und auch Zeit investieren muss.

Schon oft konnte ich Alkoholfahrer aus ihrer Zwangslage befreien und bin zum Beispiel folgenden Weg gegangen: Ich habe zunächst dem Klienten empfohlen, das negative Gutachten nicht beim Amt einzureichen. War dies bereits geschehen, tat es unserer Sache keinen Abbruch. Jedenfalls stellten wir in der weiteren Vorbereitung auf die zweite MPU nicht die Abstinenz in den Mittelpunkt, sondern die Rückkehr zum normalen Trinken.

Sie fragen sich jetzt vielleicht, was passiert, wenn der Psychologe das negative Vorgutachten einsehen will. Oder er dem Probanden die Frage stellt, aus welchem Grund die erste (bzw. vorangegangenen) MPU für ihn ungünstig ausgegangen ist/sind.

Hinweis:

> Wenn Sie sich in der ersten Untersuchung dafür entschieden haben, dass ein anderer Psychologe in einer evtl. später stattfindenden MPU das Gutachten nicht einsehen darf, entsteht diese Situation erst gar nicht.

Da meine „Strategie" auf Offenheit basiert, rate ich entsprechenden Klienten, dem Psychologen auf seine Nachfrage hin das Vorgutachten trotzdem zu zeigen. Allerdings sollte es wieder mitgenommen, und nicht der Akte beigelegt werden.

Wenn der Verwendung des Gutachtens vorab zugestimmt wurde, muss der Betroffene sich konsequenterweise ebenfalls kooperativ zeigen.

Der Psychologe erfährt also in beiden Fällen, was der Klient in seiner vorangegangenen MPU erzählt hat. Zusätzlich rate ich zu dem mutigen Schritt, die Dinge zu Beginn der Untersuchung gerade zu rücken. Nämlich dem Gutachter bedauernd mitzuteilen, in der ersten MPU die Unwahrheit gesagt zu haben. Aus dem Grund, weil man geglaubt hat, sich durch eine Abstinenzdarstellung Vorteile verschaffen zu können.

Natürlich kostet es etwas Überwindung, zu Beginn der zweiten bzw. nächsten MPU auf diese Art in das Gespräch mit dem Psychologen einzusteigen. Doch im Regelfall wird der Mut belohnt.

Das geschilderte Vorgehen hat jedoch nur dann eine Chance auf Erfolg, wenn zwei Bedingungen erfüllt sind:
1. In der Vorbegutachtung sind keine nennenswerten leistungspsychologischen oder medizinischen Bedenken geäußert worden (z.B. extrem hohe Leberwerte).

2. Vor der MPU wird eine hochwertige MPU-Vorbereitung beansprucht - am besten nach vorangegangener Suchtberatung.

Sie sehen, mit der MPU ist es, wie im wahren Leben auch. Unsere Fehler sollten wir möglichst korrigieren, auch, wenn es schwerfällt. Schließlich wollen wir vorwärtskommen, oder?

Ist es sinnvoll, nach einer negativen Begutachtung einen Anwalt einzuschalten?

So mancher Betroffene ist dermaßen sauer und enttäuscht über das negative Gutachten, dass er „sein Heil" beim Rechtsanwalt suchen möchte. Doch die Erfahrung hat gezeigt, dass es keine Vorteile bringt, juristisch gegen die Untersuchungsstelle, den Gutachter oder gegen den ablehnenden Bescheid des Amtes vorzugehen.

Denn welchen Nutzen hat es, vor ein Verwaltungsgericht zu ziehen, wenn das lange Verfahren mit einem sprichwörtlich ernüchternden Vergleich endet? Nämlich: Der Kläger „darf" erneut zu einer MPU, um seine Kraftfahrtauglichkeit unter Beweis zu stellen. Allerdings setzt dies voraus, dass er seine Klage zurücknimmt.

12. Zum guten Ende

Ganz gleich, ob Sie bereits eine MPU hinter sich haben oder sie Ihnen noch bevorsteht: Ich hoffe sehr, dass Sie dieses Buch Ihrem Ziel ein beträchtliches Stück näher gebracht hat. Dies ist jedenfalls die Erwartung, die ich beim Schreiben an mich selber gestellt habe. Allerdings gebe ich zu, dass es insgeheim mein Wunsch war, über die positive MPU hinausgehend die Auseinandersetzung mit der eigenen Person als Chance für eine größere Zufriedenheit aufzuzeigen. Inwiefern mir dies gelungen ist, wird sich im Einzelfall herausstellen. In jedem Fall freue ich mich über Ihre Reaktionen oder Anregungen.

Ich wünsche Ihnen von Herzen Erfolg für Ihre MPU und schon jetzt: allzeit gute Fahrt!

Unterstützung durch den Autor dieses Buches

Falls Sie Fragen zu Buchveröffentlichungen haben oder meine Hilfe in Form einer persönlichen Beratung oder MPU-Simulation beanspruchen möchten, so setzen Sie sich gerne mit mir in Verbindung. Neben dem Untersuchungsanlass Alkohol bereite ich ebenfalls Drogenauffällige und Punktesammler sowie Straftäter auf die MPU vor.

Kontaktdaten:

Siegfried Metze
Königstr. 61
42853 Remscheid
siegfried.metze@epost.de

Thema Sachbuch:

mpu-buch@live.de
www.mpu-buch.jimdo.com

Thema MPU-Beratung:

mpu-beratung@t-online.de
www.mpu-berater.net oder
www.idm-remscheid.de

Geplante Veröffentlichungen

2012: Für September ist die Herausgabe eines Buches zum Thema **MPU-Vorbereitung für den Untersuchungsanlass „Drogenauffälligkeit"** geplant. Ähnlich wie in der vorliegenden Ausgabe soll es Betroffene unterstützen, die mit sogenannten harten und weichen Drogen im Straßenverkehr aufgefallen sind.

2013: Für ungefähr Mitte des Jahres ist die Veröffentlichung eines Sachbuches zum Thema **"Beziehung und Partnerschaft"** geplant. Aus nachvollziehbaren Gründen kann zu diesem Zeitpunkt nicht auf die Inhalte eingegangen werden.